Md. Abul Hashem
Md. Rezaul Haque
M. Mujaffar Hossain

Avaliação das políticas actuais de criação de gado e de aves de capoeira no Bangladesh

Md. Abul Hashem
Md. Rezaul Haque
M. Mujaffar Hossain

Avaliação das políticas actuais de criação de gado e de aves de capoeira no Bangladesh

ScienciaScripts

Imprint

Any brand names and product names mentioned in this book are subject to trademark, brand or patent protection and are trademarks or registered trademarks of their respective holders. The use of brand names, product names, common names, trade names, product descriptions etc. even without a particular marking in this work is in no way to be construed to mean that such names may be regarded as unrestricted in respect of trademark and brand protection legislation and could thus be used by anyone.

Cover image: www.ingimage.com

This book is a translation from the original published under ISBN 978-620-2-05221-4.

Publisher:
Sciencia Scripts
is a trademark of
Dodo Books Indian Ocean Ltd. and OmniScriptum S.R.L publishing group

120 High Road, East Finchley, London, N2 9ED, United Kingdom
Str. Armeneasca 28/1, office 1, Chisinau MD-2012, Republic of Moldova, Europe
Printed at: see last page
ISBN: 978-620-7-67190-8

Em memória dos meus queridos pais, Md. Abdul Haque e Mst. Razia Akter

ÍNDICE

AGRADECIMENTOS

Em primeiro lugar, agradeço a Deus Todo-Poderoso a paciência e a capacidade de empreender e concluir a tarefa da tese de doutoramento.

Manifesto o meu profundo sentimento de gratidão e agradecimento ao meu orientador, Dr. Md. Abul Hashem, Professor, Department of Animal Science, Bangladesh Agricultural University, Mymensingh, pela sua valiosa orientação, encorajamento e supervisão contínua. Estou igualmente grato ao meu respeitado co-orientador, o Honorável Vice-Chanceler Dr. Md. Ali Akbar, Professor, Departamento de Nutrição Animal, Universidade Agrícola do Bangladesh, Mymensingh, pela sua eficiente orientação e sugestões, sem as quais este trabalho de investigação e esta dissertação não poderiam ser concluídos. O Professor Dr. Mohammad Mujaffar Hossain, um reputado cientista animal do Departamento de Ciência Animal da Universidade Agrícola do Bangladesh, Mymensingh, encorajou-me e orientou-me, dando-me apoio constante durante o trabalho de investigação e a redação do manuscrito, na qualidade de membro do comité de supervisão.

Gostaria de estender os meus agradecimentos ao Dr. Nazrul Islam, ex-Diretor-Geral, Bangladesh Livestock Research Institute (BLRI), Savar, Dhaka, pela sua cooperação útil na obtenção de apoio financeiro da divisão de planeamento. Agradeço sinceramente a ajuda e a cooperação da Dra. Rizia Khatun, SSO, BLRI, Savar, Dhaka, pela sua cooperação durante o trabalho de investigação.

Este estudo não teria sido possível sem todos os inquiridos que gentilmente concordaram em participar como partes interessadas, com os seus valiosos pontos de vista e percepções no inquérito por questionário, FGD e KIIs.

Quero agradecer a todo o corpo docente, alunos e funcionários que foram uma fonte de amizade e apoio ao longo dos últimos três anos. Obrigado pelos bons momentos, pelas boas recordações e pela boa ajuda.

Estou também extremamente grato ao Dr. Wakilur Rahman, Professor Associado do Departamento de Sociologia Rural, e ao Sr. Md. Fuad Hasan, Professor Assistente do Departamento de Estatística Agrícola da Universidade Agrícola do Bangladesh, Mymensingh, pela fastidiosa tarefa de análise estatística.

Recordo também e exprimo a minha sincera gratidão ao meu falecido sogro Dr. Md. Anwarul Azim e ao meu tio materno, Professor Dr. Siddiqur Rahman, pelo seu encorajamento ao longo de toda a vida para o meu estudo avançado.

Por último, mas não menos importante, gostaria de agradecer sinceramente à minha mulher (Sra. Fauzia Fatema Mimi) e aos meus filhos (Faiza Anan Dia e Ilham Anam) pelas suas inúmeras orações, sacrifícios e apoio moral durante todo o meu período de estudo.

Autor

LISTA DE ABREVIATURAS E ACRÓNIMOS

%	Per cent
AOAC	Association of Official Analytical Chemist
BAU	Bangladesh Agricultural University
BBS	Bangladesh Bureau of Statistics
BER	Bangladesh Economic Review
BLRI	Bangladesh Livestock Research Institute
BSTI	Bangladesh Standards and Testing Institute
CP	Crude protein
DLS	Department of Livestock Services
EU	European Union
FAO	Food and Agriculture Organization
FCR	Feed Conversion Ratio
FGD	Focus Group Discussion
g	Gram
GDP	Gross Domestic Product
GoB	Government of the People's Republic of Bangladesh
Govt	Government
GMP	Good Manufacturing Practices
GP	Grand Parent
HACCP	Hazards Analysis and Critical Control Point
kg	kilogram
km	kilometer

M	Meter
MBM	Meat and Bone Meal
mg	Milligram
ml	Milliliter
NDLP	National Development of Livestock Policy
NGOs	Non-Government Organizations
MoFL	Ministry of Livestock and Fisheries
MT	Metric Tone
°C	Degree Celsius
OIE	World Organization for Animal Health
PDO	Poultry Development Officer
PS	Parent Stock
ULO	Upazila Livestock Officer
VS	Veterinary Surgeon
WHO	World Health Organization
WTO	World Trade Organization

RESUMO

Este estudo foi realizado com o objetivo de avaliar as políticas existentes em matéria de pecuária e de aves de capoeira e a via a seguir para o seu desenvolvimento no Bangladesh. Entre as leis e políticas existentes, foram consideradas para investigação a lei do abate de animais, a lei dos alimentos para animais e as políticas de desenvolvimento das aves de capoeira. Os dados publicados, a análise SWOT, o inquérito por questionário estruturado, as discussões em grupo de foco e as entrevistas com informadores-chave foram efectuados para analisar criticamente e explorar os pontos de vista das diferentes partes interessadas. O estudo foi efectuado em sete divisões do Bangladesh, nomeadamente Dhaka, Chittagong, Rajshahi, Khulna, Sylhet, Barisal e Rangpur. Foram entrevistadas 377 amostras representativas (abrangendo todas as partes interessadas, como agricultores, talhantes, comerciantes e distribuidores, transformadores de carne, ULO/VS/PDO, proprietários de fábricas de alimentos para animais, proprietários de matrizes/abrigos) das sete divisões seleccionadas. Foram realizados três FGD e 50 KII com diferentes partes interessadas. Para a análise dos dados, foram utilizadas estatísticas descritivas como a percentagem, a média, as classificações, o gráfico de barras e o gráfico circular. A regressão logística binária e o teste Z também foram utilizados para identificar as variáveis que influenciam os actos e a política. Foi utilizado o software SPSS 20 para a análise dos dados. Os resultados revelam que a Autoridade não está a funcionar corretamente devido à falta de um plano de ação e de uma célula de controlo. A política e os actos em si são deficientes no que diz respeito à apresentação de processos com autorização do DLS, às condições de punição, à natureza da fiança, à falta de poder de magistratura dos funcionários do DLS, à falta de diagnóstico de doenças, alimentos para animais, medicamentos, drogas e laboratório de análises de produtos pecuários. Falta de aplicação da lei para o controlo dos alimentos para animais adulterados, nocivos e com prazo de validade, da rotulagem falsificada nos sacos e da manutenção das normas e licenças relativas aos alimentos para animais. É visível a falta de autoridade de certificação dos alimentos para animais, de visitas de inspectores sanitários e de carne, de dias de restrição, de exames pré-abate e pós-abate. A política deve ser actualizada periodicamente para responder às necessidades no terreno. Os agricultores devem receber subsídios do Governo. Os currículos dos cursos a nível universitário e escolar devem ser reestruturados de modo a incorporar a política e a lei da pecuária. A utilização de promotores de crescimento, hormonas, resíduos de curtumes e antibióticos nos alimentos para animais deve ser restringida. Os meios de comunicação social e a Associação de Consumidores do Bangladesh (CAB) devem contribuir para a sensibilização. Deveria existir um Conselho de Criação de Animais para o registo dos licenciados em Zootecnia, a fim de definir o seu domínio de trabalho. A política deve ser implementada passo a passo, tendo como objetivo um período até 2020. O Governo deve aplicar o plano de ação através da implementação de leis e políticas que considerem os alimentos biológicos e seguros, demonstrando tolerância zero para com os infractores. Por conseguinte, a aplicação adequada da lei e das políticas garantirá o desenvolvimento do sector da pecuária e das aves de capoeira no Bangladesh.

CAPÍTULO 1

INTRODUÇÃO

O sector da pecuária é importante no Bangladesh, especialmente do ponto de vista da produção agrícola, da segurança alimentar e nutricional, da redução da pobreza e da criação de emprego. A avicultura e a produção leiteira têm vantagens específicas em relação às culturas, à pesca e à silvicultura, uma vez que requerem menos terra e são menos influenciadas pela sazonalidade. Apesar de ser um sector importante na agricultura do país, a sua contribuição para o PIB agrícola é muito inferior à das culturas e das pescas. A contribuição da criação de animais manteve-se praticamente estagnada, com uma quota de cerca de 13% do PIB agrícola nas últimas duas décadas. No entanto, um quadro desagregado mostra um crescimento satisfatório das aves de capoeira (mais de 4,5%), seguido das cabras/ovinos (cerca de 4%) nos últimos anos. O crescimento do gado bovino/bufalo, por outro lado, é altamente insatisfatório e regista um crescimento inferior a 0,5 por cento (Ali e Hossain, 2014). A procura de produtos pecuários tem crescido rapidamente nas últimas décadas em resposta ao aumento da população humana, em particular dos habitantes das cidades, e dos seus rendimentos. Esta situação deu início à revolução da pecuária e resultou num aumento constante dos níveis de produção animal, tornando-a um dos subsectores de crescimento mais rápido na agricultura. Reconhece-se cada vez mais que o gado contribui de forma vital para a subsistência, o rendimento e a nutrição das populações rurais pobres. Além disso, o aumento das densidades populacionais de animais associado à crescente produção pecuária tem sido associado a problemas ambientais de degradação das terras, poluição do solo, da água e do ar e redução da biodiversidade, juntamente com um risco acrescido para a saúde humana resultante de doenças animais.

O rápido crescimento da procura de produtos pecuários nos países em desenvolvimento é visto como uma "revolução alimentar" (Upton, 2004). De acordo com a estimativa do Departamento de Serviços Pecuários, a população atual de bovinos, caprinos, búfalos e aves de capoeira é de cerca de 23,44 milhões, 25,61 milhões, 1,45 milhões e 307,47 milhões, respetivamente, em 2012-13 (DLS, 2014). As estatísticas disponíveis do Departamento de Pecuária mostram que a produção nacional de leite, carne e ovos é de 3,74, 3,02 e 6745,28 milhões de toneladas no ano fiscal de 2014 contra a procura de 14,55, 3,77 e 7544,67 milhões de toneladas em 2015-16 milhões de toneladas, respetivamente (Hossain e Hassan, 2013). Foi relatado que no ano 2007-08, é evidente que há um défice de (80%) no leite, 82% na carne e 63% nos ovos no Bangladesh (FAO, 2008). O subsector da pecuária, que também inclui as aves de capoeira, oferece oportunidades de emprego e de subsistência. De acordo com o Bangladesh Economic Review (BER, 2006), a taxa de crescimento do PIB no ano 2004-05 para a pecuária foi a mais elevada de todos os subsectores, com 7,23%, em comparação com 0,15% para as culturas e 3,65% para o subsector das pescas (DLS, 2005; BER, 2009). Estas alterações foram induzidas por um rápido crescimento da procura de produtos pecuários devido ao aumento do rendimento, ao aumento da população e ao crescimento urbano. Este subsector proporciona emprego a tempo inteiro a cerca de 2,5% e emprego a tempo parcial a 50% da população, 3,67% de receitas em divisas provenientes de couros e peles, o cultivo de 50% da área de cultivo, 50% do transporte nas aldeias, 80 milhões de toneladas de estrume para o solo anualmente e 25% do abastecimento de combustível do país (BER, 2009). Existe um enorme fosso entre a procura e a oferta de alimentos nutritivos para a população humana. Uma pessoa adulta necessita de, pelo menos, 250 ml de leite e 120 g de carne por dia. No entanto, a oferta é de cerca de 44 ml de leite e 20,6 g de carne por dia (DLS, 2009), o que indica que existe uma grave escassez de leite e carne. De acordo com o relatório da DLS (2010), a carência anual de leite, carne e ovos é de 82,28%, 80,22% e 62,20%, respetivamente.

Observa-se que o efetivo pecuário (das três categorias principais) diminuiu tanto nas explorações médias (2,50 - <7,50 acres) como nas grandes (7,50 acres e mais) entre 1996 e 2008. No entanto, a dinâmica é bastante diferente para as explorações marginais e pequenas (<2,50 acres). O seu efetivo não só aumentou como também apresentou um crescimento impressionante (36,0% para bovinos e búfalos, 28,4% para caprinos e ovinos e 14,4% para aves de capoeira durante o mesmo período). Além disso, para as três categorias de efectivos pecuários, as explorações agrícolas pequenas e marginais continuam a ser o grupo dominante no que diz respeito à posse de efectivos pecuários e à contribuição para o seu rendimento. Ao formular qualquer política de desenvolvimento da pecuária no país, esta realidade deve ser explicitamente tida em consideração (Ali e Hossain, 2014). Embora a parte do subsector da pecuária no PIB seja pequena, a sua contribuição é imensa para satisfazer as necessidades diárias de proteínas, garantir a segurança alimentar, gerar emprego e, finalmente, reduzir a pobreza. Só a carne de aves de capoeira contribui para uma parte substancial (37%) da produção total de carne no Bangladesh (Begum et al., 2011). Cerca de 75% da população depende, em certa medida, do gado para a sua subsistência, especialmente os agricultores sem terra (Tareque e Chowdhury, 2010).

Tendo em conta a contribuição potencial do subsector da pecuária, o Governo do Bangladesh formulou uma "política de desenvolvimento da pecuária e das aves de capoeira" para orientar a execução eficaz das actividades e dos programas no subsector da pecuária. O objetivo global da política de desenvolvimento da pecuária é promover a produção e a produtividade sustentáveis do gado através de uma melhor gestão, a fim de garantir a segurança alimentar das famílias e aumentar os seus rendimentos. Só em 2005 foi lançada uma política global para o sector da pecuária, cuja aplicação efectiva e sucesso ainda não foram verificados. Para o desenvolvimento sustentável do sector pecuário, o Governo deve encorajar o investimento privado no sector pecuário, fornecendo as instalações necessárias, mas assegurando simultaneamente os mesmos padrões de qualidade, como a garantia de qualidade dos pintos do dia, medicamentos, vacinas, rações e materiais de reprodução através de um quadro jurídico e regulamentar (Rahman et al., 2014). Muitas das políticas antigas perderam relevância para enfrentar os novos desafios, acabando por se transformar em experiências dispendiosas com poucos ou nenhuns resultados tangíveis. A política define os objectivos gerais e estabelece orientações políticas específicas com base em prioridades e estratégias para alcançar a visão do governo para o desenvolvimento da pecuária. Esta política funciona como o veículo para coordenar e fornecer um quadro comum para intervenções de diferentes agências de implementação através da visão, objectivos e estratégias partilhados. Uma vez que uma boa política é definida como "sinóptica e de longo prazo, estratégica e pró-ativa, transversal e substantiva" (Peters, 1996), é óbvio que isto só pode ser conseguido através de disposições humanas e institucionais sólidas que facilitem o processo de elaboração de políticas.

. Com pouca ou nenhuma regulamentação do sector público, estes desenvolvimentos podem forçar os pequenos produtores concorrentes a sair do mercado. Perante este cenário, cabe ao governo salvaguardar o subsector e elaborar orientações políticas adequadas para o desenvolvimento do sector, com a devida orientação do respetivo ministério. No entanto, o desenvolvimento de tais políticas deve envolver todos os principais interessados para que as orientações abordem adequadamente os problemas reais e as lacunas que impedem o desenvolvimento de um sector. O desenvolvimento de uma política prospetiva será de grande valor para o respetivo ministério e para todos os intervenientes no sector pecuário do Bangladesh. Assim, a Política Nacional de Desenvolvimento da Pecuária (PNDP, 2007) foi preparada para enfrentar os principais desafios e oportunidades para um desenvolvimento sustentável global do subsector da pecuária através da criação de um quadro político favorável. A política existente define o objetivo global do ministério nos próximos 5-10 anos, e estabelece orientações políticas específicas e estratégias para alcançar os objectivos, e também estabelece áreas prioritárias sobre as quais todas as partes interessadas devem concentrar-se na produção de gado, saúde animal e comercialização de gado, Espera-se que as políticas se tornem um veículo de coordenação do Ministério da Pecuária e das Pescas (MoLF) e forneçam um quadro comum para as intervenções das diferentes agências de execução (ONG, DLS, associações profissionais de pecuária) através de objectivos partilhados, metas acordadas e responsabilidades claramente definidas, com o objetivo geral de aumentar o impacto dos programas do MoLF.

O subsector da pecuária no Bangladesh é atualmente regido pela seguinte legislação Lei sobre a Crueldade contra os Animais de Bengala, de 1920, Portaria sobre a Prevenção da Crueldade contra os Animais, de 1962, Portaria sobre os Médicos Veterinários do Bangladesh, de 1982, Lei sobre as Doenças dos Animais, de 2005, Lei sobre a Quarentena dos Animais e dos Produtos Animais do Bangladesh, de 2005, Política Nacional de Desenvolvimento da Pecuária, de 2007, Política nacional de desenvolvimento avícola, 2008, Estratégia e orientações para a compensação da gripe aviária, 2008, Lei sobre o jardim zoológico do Bangladeche, 2009 (projeto), Lei sobre o abate de animais e o controlo da carne, 2011, Lei sobre os alimentos para peixes e os alimentos para animais, 2010, Política nacional de extensão da pecuária, 2012 (http://www.dls.gov.bd/livestockdevpolicy.php). Estes actos legislativos continuarão a ser actualizados periodicamente em função das alterações políticas e das tendências de produção. Em qualquer país, cabe a um Ministério do Governo elaborar orientações políticas adequadas para o desenvolvimento do sector em que o ministério está envolvido. No entanto, o desenvolvimento de tais políticas deve envolver todos os principais interessados para que as directrizes abordem adequadamente os problemas reais e as lacunas que impedem o desenvolvimento de um sector. A Política Nacional de Pecuária deve enfatizar a maximização e a comercialização da produção animal, sempre que possível, para satisfazer as exigências de rendimento dos produtores e as necessidades nutricionais nacionais. Deve fomentar o comércio de gado e de produtos pecuários, a promoção da investigação, o desenvolvimento profissional contínuo e o reforço da capacidade institucional (pública e privada) para uma prestação de serviços eficaz.

Todas as tentativas de desenvolvimento do sector pecuário visam aumentar a produção de leite, carne e ovos. Ainda não foi empreendida qualquer atividade que dê especial ênfase à produção de alimentos seguros e saudáveis no que respeita à análise dos riscos e pontos de controlo críticos (HACCP) e às medidas sanitárias e fitossanitárias (SPS). Apesar do aumento da produção de proteínas animais, os consumidores não estão a obter alimentos seguros e os industriais do sector animal não podem exportar os seus produtos de acordo com os regulamentos da Organização Mundial do Comércio (OMC). O potencial dinâmico deste subsector emergente exige, pois, uma atenção política fundamental. A aplicação da política de pecuária promoverá a participação interactiva no subsector da pecuária e incentivará esforços complementares, com base nas vantagens comparativas dos vários organismos e instituições responsáveis pela execução. Os investimentos no subsector da pecuária demoram algum tempo a produzir os resultados desejados. O papel do sector público limitar-se-á gradualmente à formulação de políticas, à aplicação da legislação, à regulamentação e à inspeção, ao fornecimento de informações sobre o mercado e ao financiamento do controlo de vectores e doenças de importância económica nacional. Embora tenham sido alcançados alguns progressos no sector, existem ainda várias lacunas que não foram abordadas nas políticas anteriores. É necessário orientar a indústria através da criação de uma política que oriente o desenvolvimento do subsector da pecuária no Bangladesh. A política deve ser revista periodicamente, tendo em conta a dinâmica do ambiente sociopolítico e económico nacional, regional e mundial. A lógica subjacente à política de pecuária consiste em melhorar a indústria e estimular o seu desenvolvimento, a fim de aumentar os rendimentos dos produtores de gado, reforçar a produção alimentar de origem animal e aumentar a contribuição do sector pecuário para a economia nacional em geral. O objetivo global da política nacional em matéria de pecuária consiste em fornecer orientações, coordenar e regulamentar o sector pecuário, a fim de aumentar a sua eficiência em termos de produção e produtividade para melhorar os meios de subsistência dos produtores de gado e melhorar a economia do Bangladesh, através de uma utilização orientada dos recursos. A promoção da segurança alimentar nacional consiste em satisfazer as necessidades nutricionais e aumentar a quantidade e a qualidade dos animais e dos produtos animais enquanto matérias-primas para as indústrias locais e para efeitos de exportação. Promover a utilização integrada dos recursos naturais relacionados com a produção animal, protegendo simultaneamente o ambiente, e adotar novas tecnologias relevantes para a produção animal, a fim de melhorar os recursos humanos e reforçar os requisitos de apoio técnico no sector da pecuária. A proteção da produção e a promoção de alimentos seguros para os consumidores são dignas de nota. A aplicação de políticas e estratégias é uma necessidade premente para o governo do Bangladesh, a fim de estimular a produção pecuária, promover as exportações, salvaguardar as indústrias nacionais e proteger os consumidores nacionais e estrangeiros de gado e produtos animais. O Bangladesh deve aplicar a política de pecuária em conformidade com as suas obrigações nacionais e internacionais. A economia do país depende muito do gado e dos produtos animais. A criação de gado no Bangladesh seria o principal repositório de riqueza individual e nacional, o que faria do país um importante exportador de gado, uma vez que a procura de carne no estrangeiro é muito elevada. Por exemplo, o Reino da Arábia Saudita celebrou um acordo com o Governo do Bangladeche para importar carne do nosso país, publicado no The Daily Naya Diganta, 10th dezembro de 2015.

Tendo em conta os factos e circunstâncias acima referidos, para obter uma nova perspetiva explicativa, foi realizada uma análise holística com diferentes partes interessadas sobre as três políticas pecuárias existentes, nomeadamente a lei relativa ao abate de animais, a lei relativa aos alimentos para animais e as políticas de desenvolvimento das aves de capoeira, com os seguintes objectivos

(i) Análise crítica das políticas existentes em matéria de pecuária e aves de capoeira no Bangladesh.

(ii)   Explorar o estado de implementação das políticas relativas ao gado e às aves de capoeira com os diferentes intervenientes.

(iii) Identificar as lacunas entre as políticas existentes e as expectativas na perspetiva das partes interessadas sobre a aplicação das políticas.

(iv) Recomendar os resultados do estudo aos responsáveis políticos do Governo do Bangladesh.

CAPÍTULO 2

REVISÃO DA LITERATURA

A revisão da literatura inclui o conhecimento atual com resultados substantivos, bem como contribuições teóricas e metodológicas para um determinado tópico. Utiliza fontes secundárias sem apresentar trabalhos experimentais novos ou originais. É essencial porque permite analisar o stock de conhecimentos, o conceito primário e a informação relevante para a investigação proposta. Os conhecimentos, conceitos e informações supracitados fornecem uma orientação para conceber e realizar a investigação com êxito. A revisão dá instruções adequadas para a conceção de futuros problemas de investigação e para a validação dos novos resultados. Tendo este ponto de vista em mente, foi efectuada uma revisão da literatura em conformidade com o presente estudo. Os estudos mais comuns e relevantes realizados no passado, no país e no estrangeiro, são aqui destacados. Assim, será útil identificar o que deve ser feito mais sobre as questões específicas das políticas de criação de gado e de aves de capoeira, o que significa permitir a identificação de lacunas na investigação. A literatura e os trabalhos de investigação relacionados com o presente estudo foram pesquisados nas bibliotecas, institutos de investigação, gabinetes e sítios Web relevantes.

2.1 Política e ação no domínio da pecuária no Bangladesh

A política e as estratégias em matéria de pecuária foram desenvolvidas para fazer face às limitações do sector pecuário e em conformidade com as obrigações locais, regionais e internacionais em matéria de produção, saúde e comércio de animais. Existem 14 políticas de pecuária no Bangladesh (http://old.dls.gov.bd/livestockdevpolicy). Trata-se do projeto final da Política Nacional de Extensão-2013, da Lei do Abate -2011, da Lei da Alimentação Animal - 2010, da Lei do Jardim Zoológico do Bangladesh, 2009 (projeto), da Política Nacional de Desenvolvimento das Aves de Capoeira, 2008, da Regra das Doenças Animais - 2008, da Estratégia e Directrizes de Compensação da Gripe Aviária, 2008, da Política Nacional de Desenvolvimento da Pecuária, 2007, Lei sobre as doenças dos animais, 2005, Lei sobre a quarentena dos animais e dos produtos animais do Bangladesh, 2005, Portaria sobre os veterinários do Bangladesh, 1982, Portaria sobre a prevenção da crueldade contra os animais, 1962, Lei sobre o abate de animais e o controlo da carne, 1957 e Lei sobre a crueldade contra os animais de Bengala, 1920. Foram seleccionadas para avaliação crítica a Lei sobre o Abate de Animais de 2011, a Lei sobre a Alimentação Animal de 2010 e a Política Nacional de Desenvolvimento das Aves de Capoeira de 2008, incluindo a identificação de lacunas e recomendações para a aplicação de melhorias a nível político, que são necessárias neste momento para melhorar a produção de gado e de aves de capoeira, criar oportunidades de emprego, satisfazer a procura de alimentos e nutrição seguros, respeitar o ambiente e obter divisas. O Ministério das Pescas e da Pecuária (MoFL) formulou uma nova 'Política Nacional de Desenvolvimento da Pecuária' em 2007, que foi provisoriamente adoptada pelo então Governo Provisório em 2008 (MoFL, 2007). Embora o documento não tenha sido adotado oficialmente na íntegra, está a ser utilizado como um documento de política operacional (Jabbar et al., 2010). Estes documentos legislativos continuarão a ser actualizados de tempos a tempos, de acordo com as mudanças políticas e as tendências de produção. Uma reunião de revisão da implementação da política pecuária para as partes interessadas deve ser realizada no final de cada três anos. O impacto da política deve ser avaliado de cinco em cinco anos. A política deve ter um plano de ação nacional de execução com indicadores-chave para o seu acompanhamento e avaliação. Assim, o papel do sector público será gradualmente limitado à formulação de políticas, à aplicação da legislação, à regulamentação e à inspeção, à prestação de informações sobre o mercado e ao financiamento do controlo de vectores e doenças de importância económica nacional.

A pecuária desempenha um papel importante na economia nacional do Bangladesh, com uma contribuição direta de cerca de 13% para o PIB agrícola e proporcionando 15% do emprego total na economia (BER, 2012). Cerca de 75% das pessoas dependem, em certa medida, da pecuária para a sua subsistência, o que indica claramente que o potencial de redução da pobreza do subsector da pecuária é elevado. De acordo com o Bangladesh Economic Review, (2006), a taxa de crescimento do PIB em 2004-05 para a pecuária foi a mais elevada de todos os subsectores, com 7,23%, em comparação com 0,15% para as culturas e 3,65% para o subsector das pescas. A política nacional de desenvolvimento da pecuária foi elaborada para dar resposta aos principais desafios e oportunidades de um desenvolvimento sustentável global do subsector da pecuária, através da criação de um quadro político favorável à política nacional de desenvolvimento da pecuária (NLDP, 2007).

2.2 Desenvolvimento da política de criação de gado no Bangladesh

A política de desenvolvimento da pecuária tem uma perspetiva histórica que evoluiu ao longo das últimas décadas.

O impulso inicial da política foi o desenvolvimento e o controlo dirigidos pelo governo, tendo posteriormente mudado para o desenvolvimento do sector dirigido pelo sector privado. Nos primeiros anos, o desenvolvimento do sector pecuário foi iniciado pelo governo através de uma política que privilegiava o controlo das doenças, a investigação e a formação, o que posteriormente encorajou e motivou o sector privado. Os sucessivos planos quinquenais também enfatizaram o desenvolvimento do sector pecuário pela sua contribuição para a economia em geral e para a redução da pobreza em particular. O sector da pecuária tem potencial para dar um maior contributo para o crescimento e a redução da pobreza no país, se for apoiado por políticas adequadas. O Ministério das Pescas e da Pecuária elaborou a Política Nacional de Desenvolvimento da Pecuária (PNDP) em 2007. A primeira política de desenvolvimento da pecuária foi formulada em 1992 com uma série de objectivos, desde a melhoria das variedades, o desenvolvimento de capacidades e o desenvolvimento institucional. Mas este documento político não foi oficialmente aprovado e quase não foram feitas tentativas para o implementar. Foi só em 2005 que o Ministério das Pescas e da Pecuária desenvolveu pela primeira vez uma política nacional de pecuária abrangente com dois objectivos distintos a serem abordados através de nove áreas temáticas. Os objectivos são: (a) assegurar o fornecimento de gado e produtos animais adequados para consumo humano; e (b) aumentar o fornecimento de energia animal e resíduos animais para a produção de culturas e transformação de produtos. Os domínios temáticos são os seguintes (a) desenvolvimento dos lacticínios, engorda de bovinos e produção de carne; b) desenvolvimento das aves de capoeira; c) raças e gestão dos animais; d) alimentos para animais e gestão dos animais; e) serviços veterinários e saúde animal; i) análise do Department of Livestock Services (DLS) e do Bangladesh Livestock Research Institute (BLRI), organismos públicos relacionados com a gestão dos serviços pecuários; g) couros e peles; h) comercialização dos produtos pecuários; e i) comércio internacional, seguros pecuários e crédito. As principais estratégias, especialmente para o desenvolvimento do sector avícola, incluem (a) fornecimento de factores de produção, envolvendo a distribuição de variedades melhoradas de aves de capoeira, fixação de preços, (b) ênfase na participação dos pequenos produtores, (c) política de importação sem embargos e isenção de quaisquer impostos sobre as importações de factores de produção; e (d) esquema de crédito alargado para o desenvolvimento da pecuária. O Quadro 2.1 apresenta as políticas para o sector pecuário especificadas nos sucessivos períodos do plano (1973-2015).

Quadro 2.1. Políticas para o sector da pecuária durante os sucessivos planos (1973-2015)

Plans	Period	Policies	
		Dairy and Cattle	Poultry
1st Five Year Plan	1973-1978	a) Increase the supply of draught power by improving quality and quantity. b) Increase the supply of from animal origin. c) Generate employment opportunities to alleviate poverty.	a) Maximize production of poultry from the local stock.
2nd Five Year Plan	1980-1985	a) Credits and other inputs for small farmers. b) Encourage private sector involvement. c) Nominal price for vaccination and medicine. d) Reorganization of the Directorate of Livestock Services for effective program implementation.	a) Maximize production of poultry from the local improved stock. b) Increase the production of poultry feed. c) Introduce nominal price for vaccination and medicines.
3rd Five Year Plan	1985-1990	a) Increase the supply of draught power. b) Increase production of meat, milk, hides & skins. c) Increase employment opportunities for women and	a) Increase the production of meat and eggs. b) Creating new employment opportunities for women and the landless through poultry rearing

Quadro 2.1. Políticas para o sector da pecuária durante os sucessivos planos (1973-2015)

Plans	Period	Policies	
		Dairy and Cattle	Poultry
		the landless.	
4th Five Year Plan	1990-1995	a) Providing proper marketing facilities. b) Price incentives. c) Education and manpower training. d) Appropriate technology transfer.	a) Focus on improved breed, medicine, feed, marketing and other problems. b) Updated import policy for poultry products. c) Restricted license issued for large-scale enterprises. d) Increase supply of commercial breed chicks through commercial farming. e) Organizational and institutional strengthening for effective research, training and development.
5th Five Year Plan	1997-2002	a) Breed improvement through genetic upgrade and preservation of native breeds. b) Increase fodder supply by intensively using available lands. c) Encourage to set up small livestock farms. d) Credit facilities.	a) Increase the supply of poultry products by productivity increase. b) Special emphasis on poultry rearing as a value added activity. c) Increase the supply of poultry feed.

Quadro 2.1. Políticas para o sector da pecuária durante os sucessivos planos (1973-2015)

Plans	Period	Policies	
		Dairy and Cattle	Poultry
		e) Extend research facilities.	
		f) Training	
6th Five Year Plan	2011-2015	a) High yielding fodder production through inter cropping.	a) Promote sustainable improvement in meat and egg productivity.
		b) Training of veterinary technicians and administer vaccination.	b) Increase layer farming.
		c) Remove constraints for the poor to own animals.	c) Improve poultry management practices.
		d) Proper vaccination.	
		e) Institutional management through cooperatives or entrusting large animal owners to perform management and finance.	

Fonte: Vários planos quinquenais (Comissão de Planeamento) compilados por Rahman et al 2014.

O PDNL (2007) parece não abordar adequadamente algumas questões importantes para o desenvolvimento do sector. Estas questões incluem: a prestação de apoio adequado ao desenvolvimento do sector privado, em especial dos pequenos agricultores; a exploração de mercados emergentes e o desenvolvimento da cadeia de valor; e a garantia de qualidade dos factores de produção e dos produtos. O desenvolvimento das capacidades das instituições responsáveis pela supervisão e pelo apoio ao sector é também extremamente importante, o que não acontece atualmente. Os pequenos produtores do sector da pecuária têm um potencial considerável para melhorar a sua produtividade e os benefícios para as populações rurais pobres podem ser aumentados através de políticas adequadas de gestão da pecuária. Os pequenos agricultores produzem mais de 80 por cento da carne e dos ovos, mas a produtividade por ave é baixa em comparação com os sistemas semi-intensivos e comerciais. No entanto, a criação de gado em herdade tem vindo a aumentar nos últimos tempos e é relativamente mais rentável do que a agricultura comercial, devido ao envolvimento de mulheres e crianças no tratamento do gado em herdade. Tendo em conta os factores acima referidos, as possibilidades de desenvolvimento do sector pecuário e de aumento da produtividade dos animais e das aves devem concentrar-se mais nos seguintes elementos: aumento da produtividade dos pequenos agricultores; expansão da produção comercial; prestação de serviços de extensão, tratamento e outros serviços necessários aos agricultores pobres; e garantia de melhores instalações de comercialização, especialmente para os pequenos agricultores e os agricultores pobres. As seguintes acções podem ser tomadas em consideração para o desenvolvimento do sector:

- Recursos genéticos que realçam também o carácter localizado da produção animal;

- Melhorar a capacidade de diagnóstico e os serviços clínicos e de extensão veterinária e assegurar um acesso fácil a estes serviços, especialmente para os pequenos agricultores e os agricultores pobres;

- Assegurar a alimentação e as forragens a preços acessíveis aos pequenos agricultores e

agricultores pobres;

- Fornecer formação aos agricultores sobre a melhoria da criação de animais;

- Gerir eficazmente a cadeia de transformação e de valor dos produtos animais e assegurar melhores ligações ao mercado, especialmente para os pequenos agricultores e os agricultores pobres;

- Conceder crédito a longo prazo a taxas acessíveis aos pequenos agricultores e aos agricultores pobres; e

- Investir em investigação e desenvolvimento no sector e melhorar as capacidades institucionais das agências relacionadas com o sector (Ali e Hossain, 2014).

O seguro de gado é extremamente importante, uma vez que a criação de gado é arriscada, particularmente para os pequenos agricultores com baixos rendimentos que enfrentam a ruína financeira em caso de roubo, ferimentos, doença ou morte de um animal. A mortalidade prematura é de cerca de 2% a 3% por ano para os bovinos e búfalos e consideravelmente mais elevada para os pequenos ruminantes e suínos. O seguro pecuário ajuda os criadores de gado a fazer face a esses riscos e facilita o acesso dos agricultores ao financiamento, aumentando a sua solvabilidade. Os seguros de gado só começaram em 1987, sob a forma de crédito pecuário ou de seguro de garantia de microfinanciamento contra a mortalidade e a perda de animais. No Nepal, muitas organizações prestam serviços de seguro pecuário a uma escala limitada; incluem o Banco de Desenvolvimento dos Pequenos Agricultores, instituições de microfinanciamento, projectos comunitários de desenvolvimento pecuário patrocinados por organizações de base comunitária e organizações não governamentais de intermediação financeira que não são reguladas pelo Conselho de Seguros, o organismo regulador a nível nacional. As dotações orçamentais do governo são comparativamente baixas devido aos recursos limitados disponíveis para o desenvolvimento do sector. Para inverter esta tendência, são necessárias no Bangladesh directrizes políticas bem definidas para gerir o processo de desenvolvimento do sector pecuário. As directrizes da política pecuária devem ser coerentes com as outras políticas nacionais de desenvolvimento.

2.3 Efetivo pecuário no Bangladesh

A pecuária desempenha um papel importante na economia nacional do Bangladesh, com uma contribuição direta de cerca de 13% para o PIB agrícola e proporcionando 15% do emprego total na economia. De acordo com as estimativas do Departamento de Serviços Pecuários, a população atual de bovinos, caprinos, ovinos, búfalos e aves de capoeira é de cerca de 23,44 milhões, 25,61 milhões, 3,16 milhões, 1,45 milhões e 307,47 milhões, respetivamente, em 2014 (DLS, 2014 e MoFL, 2014). O Bangladesh tem uma das maiores densidades de gado: 145 grandes ruminantes/km2 em comparação com 90 na Índia, 30 na Etiópia e 20 no Brasil. Mas a maioria deles tem origem numa base genética deficiente. O peso médio do gado local varia entre 125 e 150 kg para as vacas e entre 200 e 250 kg para os touros, o que é 25-35% inferior ao peso médio do gado polivalente na Índia. A produção de leite é extremamente baixa: 200-250 litros durante um período de lactação de 10 meses, em contraste com os 800 litros do Paquistão, os 500 litros da Índia e os 700 litros de toda a Ásia.

2.4 Principais limitações do sector pecuário

Uma série de factores inter-relacionados, tais como técnicos, institucionais *e sociais,* estão a condicionar o desenvolvimento do sector pecuário no Bangladesh. Estudos anteriores (Islam e Shahidullah, 1989; Rahman et al., 2000; e Begum 2008) apontaram e reconheceram muitas áreas de preocupação que restringem a realização de todo o potencial do sector pecuário, como a falta de capital, surtos de doenças, disponibilidade inadequada de insumos, crédito institucional inadequado, mercados garantidos e lucrativos para a produção, etc. De acordo com Rahman et al (2014), os principais constrangimentos do sector pecuário no Bangladesh são apresentados no Quadro 2.2.

Quadro 2.2 Principais condicionalismos do sector pecuário

Key constraints in the dairy sector	Key constraints in beef fattening and meat production	Key constraints in the poultry sector
Lack of skilled labour and qualified personnel in smallholder dairy farming.	Lack of quality livestock breed and artificial Insemination.	Shortage of quality chicks/breeding materials and higher price of day old chicks.
Scarcity of feeds and fodder including lack of grazing land and high price of concentrated feed.	Limited skill of farmers in beef fattening.	Shortage of poultry feed and feed ingredients.
Lack of knowhow to prepare improved feed.	Limited skills of butchers.	Low quality and high price of mixed feed as well as lack of knowhow to prepare improved feed.
Susceptibility to disease.	Lack of organized marketing system of livestock and products.	Lack of proper capital, equipment and technological knowhow to rear commercial poultry.
Inadequate veterinary care, medicine & treatment.	Inadequate veterinary cares, medicine, treatment and extension services.	Inadequate veterinary care, medicine, treatment and extension services.
Limited credit support.	Poor quality of slaughter houses.	Lack of skilled labour and qualified personnel.
Limited milk collection and processing facilities.	Outdated meat and control act.	Lack of organized input and output marketing system.
Lack of insurance coverage.		Lack of quality control facilities for medicine, vaccines, feed and feed ingredients, chicks, eggs, birds etc.
Absence of market information.		Poor institutional support for credit and technical advice.
Absence of appropriate policy and regulatory body.		

O Governo promoverá a manutenção de um efetivo pecuário nacional saudável através do controlo das doenças e pragas animais, utilizando procedimentos científicos e internacionalmente aceitáveis. A formulação, revisão contínua, atualização e implementação de leis, regulamentos e controlos são essenciais. É essencial estabelecer e atualizar regularmente uma lista de doenças prioritárias que ameaçam o efetivo pecuário nacional, o comércio de animais e a saúde pública. Deve ser dada prioridade ao estabelecimento de um plano nacional de preparação e resposta a emergências no domínio das doenças dos animais. Não existe um processo de certificação das normas sanitárias para a exportação do comércio de gado. Este processo deveria ter envolvido uma inspeção clínica inicial e a identificação individual dos animais no ponto de origem dos animais (PNL, 2016). É necessário um ponto de vista político claro e o desenvolvimento de estratégias para garantir a institucionalidade e a sustentabilidade dos processos de certificação das exportações de gado, incluindo a certificação halal no Bangladeche.

2.5 Factores relacionados com o ato de abate

2.5.1 Tendências produtos animais e taxas de crescimento

Apesar da maior densidade de gado no Bangladesh, a produção atual de leite, carne e ovos é inadequada para satisfazer as necessidades actuais e os défices são de 85,9, 77,4 e 73,1%, respetivamente (NLDP, 2007). A produção de proteínas animais tem mantido uma tendência ascendente e a disponibilidade per capita de proteínas animais situa-se atualmente em cerca de 21 g de carne/dia, 43 ml de leite/dia e 41 ovos/ano, em comparação com as doses recomendadas de 120 g de carne/dia, 250 ml de leite/dia e 104 ovos/ano. Se as actuais taxas de crescimento se mantiverem, a produção de leite, carne e ovos no Bangladesh será de 4,55, 3,77 e 7544,67 milhões de toneladas em 2015-16. As conclusões deste estudo seriam mais úteis para os decisores políticos, os investigadores e os produtores, a fim de prever com maior exatidão a futura produção nacional de leite, carne e ovos a curto prazo. Este estudo prevê uma produção futura que permitiria aos responsáveis pelo planeamento das políticas tomar as medidas necessárias para o futuro. Basicamente, a exatidão das previsões depende da exatidão dos dados sobre as variáveis em causa. Os bancos de dados no nosso país devem ser bem organizados para obter os melhores resultados dos modelos de previsão (Hossain e Hassan, 2013).

2.5.2 Potencial de exportação de carne e produtos à base de carne

O potencial de crescimento rápido é elevado e, uma vez que o consumo interno é baixo (menos de 2%), o potencial de exportação aumenta substancialmente. Do ponto de vista da exportação, uma das principais preocupações da indústria alimentar é a segurança. Existe uma relação direta entre a qualidade dos alimentos para animais, a higiene e a segurança dos alimentos de origem animal. Num futuro próximo, poderá haver uma proibição da venda de animais vivos e apenas a carne transformada estará disponível nos pontos de venda a retalho como produtos congelados, pelo que tem de haver uma mudança na mentalidade das pessoas em relação aos alimentos congelados. Prasad et al (2013) afirmam que as medidas necessárias para aumentar o potencial de exportação da nossa carne são as seguintes Notificação de Zonas Livres de Doenças pela OIE e pela OMC, modernização dos matadouros, modernização dos laboratórios de controlo de qualidade, inspeção laboratorial rigorosa da carne e dos produtos à base de carne, proibição rigorosa de antibióticos nos alimentos para animais, sistema científico de criação, programas de formação em matéria de higiene e produção de carne de qualidade. A Bengal meat processing industries ltd. está a exportar produtos de carne prontos a cozinhar e prontos a comer para o Médio Oriente. Ultimamente, foi celebrado um acordo entre o Governo do Bangladesh e o Reino da Arábia Saudita para importar carnes halal do Bangladesh. Grandes operadores como MacDonald, KFC, Pizza Hut, CP as five star, etc., estão também a desempenhar um papel importante no sector da carne de valor acrescentado no Bangladesh.

2.5.3 Cenário do abate de animais no Bangladesh

A maior parte da carne é manuseada em condições sanitárias insatisfatórias, tanto nas zonas rurais como urbanas do Bangladesh. A aplicação da legislação relativa ao abate ou à inspeção da carne é fraca (Murshed, 2014). Em geral, as condições de pré-abate, de saneamento, de remoção dos resíduos, de eliminação das miudezas e de transformação pós-abate são deficientes. No Bangladesh, o abate de animais para carne é frequentemente efectuado em condições não ideais. As instalações para o abate são limitadas e o mais provável é que se encontrem debaixo de uma árvore, onde o animal é içado para ser esfolado e eviscerado. O manuseamento, o abate e a preparação dos animais para a alimentação são efectuados de forma muito desorganizada. Os animais são abatidos de forma aleatória e indiscriminada. Existem poucos matadouros confinados às grandes cidades. Os animais destinados à alimentação, como o gado bovino, os búfalos, as ovelhas e as cabras, são trazidos para estes matadouros a partir de longas distâncias, geralmente de carro ou a pé. Como não há estabulação, os animais geralmente não recebem cuidados ante mortem (Rahman, 2001). A prática higiénica do exame ante mortem raramente é efectuada. A aplicação da lei relativa ao abate de animais de 2011 é muito limitada. Este tipo de alimento animal altamente nutritivo é manuseado, produzido e distribuído em condições muito pouco higiénicas. A maioria dos matadouros públicos das cidades é gerida pelas autoridades municipais. Em alguns matadouros, um veterinário ou um inspetor sanitário é destacado para supervisionar a carcaça eviscerada. No Bangladesh, a falta de instalações de abate adequadas e técnicas de abate insatisfatórias estão a causar grandes perdas de carne e de subprodutos de valor inestimável. Os locais de abate são de fácil acesso a cães, roedores e insectos. As carcaças e os cortes para venda a retalho estão frequentemente deteriorados devido a infecções ou contaminações bacterianas que provocam doenças venenosas nos consumidores. A perceção que o consumidor tem da carne e dos produtos à base de carne é uma questão crítica para a indústria da carne, porque tem um impacto direto na sua rentabilidade. Muitos estudos concluíram que a perceção do consumidor é complexa, dinâmica e difícil de definir.

2.5.4 Perceção da génese do matadouro

Otter (2008) descreveu que o termo "matadouro" não se referia originalmente a uma estrutura específica utilizada para o abate de animais. Referia-se a qualquer edifício onde se procedia ao abate de animais (por exemplo, um talho). A UE define matadouros como quaisquer instalações, incluindo instalações para deslocação ou estabulação de animais, utilizadas para o abate comercial de animais, ruminantes, suínos, coelhos e aves de capoeira (Comissão Europeia, 1993). O matadouro surgiu como uma instituição única no início do século XIX, como parte de uma transição mais ampla de um sistema agrário para um sistema industrial, acompanhado por uma urbanização crescente, desenvolvimentos tecnológicos e preocupação com a higiene pública (Brantz, 2008). Até essa altura, os animais eram abatidos para consumo em diversos locais, como os quintais. A partir do século XVIII, os reformadores argumentaram que os "matadouros públicos" seriam preferíveis aos "matadouros privados" (o termo referia-se a qualquer estrutura na qual os animais eram abatidos para consumo humano, por exemplo, um galpão de açougueiro), um barracão de talho), porque retirariam a visão do abate de animais dos locais públicos e dos indiscretos matadouros privados, poderiam ser mais facilmente monitorizados, eram geralmente considerados mais espaçosos e limpos (Otter, 2008), e os reformadores argumentavam que o Estado deveria regular o trabalho "moralmente perigoso" (Mac Lachlan, 2008). "O matadouro, invisível mas não secreto, pode ter sido construído em resposta a preocupações com a actabilidade, ou a sentimentos de profunda repulsa, mas, por sua vez, criou as condições em que o verdadeiro nojo pode ser sentido (Otter, 2008). Rémy (2003) e Smith (2002) salientam que os requisitos modernos de abate humanitário no matadouro resultaram numa contradição ou tensão em que se reconhece que as criaturas sensíveis que são mortas são dignas de proteção.

2.5.5 Cuidados pré e pós-abate de animais e carcaças

Adzitey et al. (2011) descreveram que o mau manuseamento dos animais tem efeitos adversos na qualidade do animal, da carcaça e da carne. Os animais e a carne de má qualidade terão propriedades de transformação, qualidade funcional e qualidade alimentar deficientes, sendo mais provável que não sejam aceites pelos consumidores. Os países em desenvolvimento também se interessam pelo tratamento adequado dos animais antes do abate, devido ao seu efeito benéfico na qualidade da carne e da carcaça. Perez et al. (2002) e Warriss (1995) observaram que "é necessário um período de estabulação de duas a três horas para recuperar do stress do transporte, devido à redução da qualidade da carne com tempos de estabulação mais curtos". As várias rotinas de manuseamento das renas antes do abate, como a recolha e o pastoreio, a seleção, a alimentação, o transporte rodoviário e a estabulação, implicam acontecimentos stressantes que podem afetar as reservas de glicogénio no músculo e, consequentemente, a qualidade da carne. Durante uma viagem de helicóptero de 3 dias (20 km/dia), não encontraram efeitos negativos nas reservas de glicogénio ou nos valores finais de pH. O transporte de renas por camião ao longo de várias distâncias (0 a 1000 km) não causou qualquer aumento nos valores finais de pH em touros e vitelos, embora as vacas tenham mostrado um ligeiro aumento do pH. Um período de espera de 2 dias antes do abate num matadouro, onde as renas foram alimentadas com feno e água, não causou efeitos deletérios no conteúdo de glicogénio muscular ou no pH. (Malmfors e Wiklund, 2012).

Em muitos países em desenvolvimento, os regulamentos relativos à inspeção e/ou controlo da carne são inadequados ou inexistentes, permitindo que os consumidores sejam expostos a agentes patogénicos, incluindo parasitas zoonóticos (Adzitey e Hud, 2012). Adzitey e Hud (2012) descreveram que, devido à falta de implementação da Lei de Inspeção da Carne e à consequente ausência de inspeção da carne, a carne de animais doentes ou infectados por parasitas está a servir como fonte de infeção para os seres humanos, bem como para outros animais. Uma série de factores, incluindo a genética do animal, as práticas de produção, a idade do animal no momento do abate e a forma como os animais vivos são manuseados antes e durante o abate, contribuem significativamente para a qualidade da carne. Para além destes, as práticas pós-abate também influenciam consideravelmente a qualidade da carne.

2.5.6 Processamento e manuseamento de carnes

A transformação da carne pode ser dividida em duas fases: a transformação primária e a transformação secundária. A transformação primária consiste no abate de animais vivos para os transformar em carcaças. Por sua vez, a transformação secundária consiste na transformação das carcaças em produtos à base de carne. A transformação secundária pode envolver actividades comparativamente simples, como a dissecação da carcaça em vários cortes ou a desossagem em cortes primários; ou pode envolver processos adicionais de valor acrescentado, como a produção de carnes secas, a condimentação ou a embalagem em vácuo. Os principais intervenientes no segmento da transformação secundária da cadeia de valor incluem matadouros, instalações de desossagem, talhos e, mais a jusante, grossistas e retalhistas (Mthente Research and Consulting Services Ltd, 2013). Spescha et al., (2006) investigaram quatro abordagens diferentes para lidar com a coprodução entre carne e co-produtos não cárneos; alocação baseada em i) utilização biofísica/proteína (BIO); ii) valor económico (ECON); expansão do sistema (SE), e uma abordagem híbrida utilizando tanto a alocação biofísica como a expansão do sistema (BIO-SE). O impacto da transformação variou consoante a espécie e a categoria de impacto, mas para todas as espécies, a escolha do método utilizado para tratar os co-produtos teve um impacto substancial nos resultados. A carcaça e o rendimento comestível humano também são discutidos como uma consideração importante quando se comparam produtos de carne em fases intermédias da cadeia de abastecimento de produção. Cederberg et al. (2009), Leinonen et al. (2012), Opio et al. (2013), Williams et al. (2006) apresentaram resultados utilizando um peso de carcaça (PC) ou mesmo uma unidade funcional de carne desossada, criando um desfasamento entre a unidade funcional e a fronteira do sistema. Esta abordagem induz dois erros: em primeiro lugar, não inclui os impactos associados à fase de processamento da carne na cadeia de abastecimento e ao transporte associado.

2.5.7 Perceção do consumidor

Está bem documentado que os consumidores não podem ser categorizados com base num único tipo de comportamento. O comportamento do consumidor é moldado pelas suas necessidades e pelo que está disponível para as satisfazer. Korzen e Lassen (2010) descreveram como as percepções das qualidades da carne variam entre contextos. Em relação à carne, os autores descreveram dois contextos: o "contexto quotidiano" (relacionado com a compra, a preparação e o consumo) e o "contexto de produção" (relacionado com a produção primária, o abate e a transformação da carne). A perceção não está apenas relacionada com os sentidos básicos, como os atributos visuais, de sabor e paladar, mas também com a aprendizagem ou experiências formadas. Alguns dos nossos mecanismos de aprendizagem não cognitivos, como o condicionamento e a imitação, são predominantes na formação precoce de hábitos alimentares. Por conseguinte, a perceção incorpora aspectos complexos do comportamento do consumidor, como a aprendizagem e os factores motivacionais e contextuais. Foram desenvolvidos vários modelos e teorias, que são discutidos por Koster e Mojet (2007). As percepções dos consumidores não são fixas e podem mudar. É difícil prever como e em que direção as percepções dos consumidores se alteram, devido à dinâmica complexa que impulsiona a mudança. Grunert (1997) referiu que as pistas de qualidade extrínsecas e intrínsecas inferem atributos de qualidade específicos e que estes são bastante semelhantes numa série de países. Por conseguinte, o consumidor toma a decisão de comprar carne com base num grande número de sinais (preço, rótulo, marca, aspeto e tipo de corte) que, por sua vez, indicam a qualidade da carne em termos de atributos (tenrura, sabor, frescura e nutrição). Apesar do nosso conhecimento sobre o tipo e a importância dos atributos de qualidade da carne, os consumidores ainda têm dificuldade em prever com precisão a qualidade experimentada através da perceção no ponto de compra (Grunert et al., 2004). Grunert et al., (2004) descreveram os pormenores do Modelo de Qualidade Total dos Alimentos no que diz respeito à carne e descrevem os vários sinais de qualidade intrínsecos e extrínsecos percepcionados pelo consumidor. As pistas de qualidade intrínsecas são aquelas que fazem fisicamente parte do próprio produto (por exemplo, marmoreado, cor), enquanto as pistas extrínsecas não fazem fisicamente parte do produto (preço, origem). Verbeke e Vackier (2004) descobriram que vários segmentos de consumidores belgas estão preocupados com os antibióticos na carne fresca, e essas preocupações foram classificadas em primeiro lugar quando comparadas com outros riscos de segurança da carne (nomeadamente dioxinas, BSE e bactérias nocivas). Miles e Frewer. (2001) constataram que mais de 50% dos consumidores britânicos inquiridos estavam extremamente preocupados com a utilização de antibióticos na produção animal. Krystallis e Arvanitoyannis (2006) descrevem um grupo de consumidores gregos particularmente preocupados com a segurança química da carne (ou seja, o seu conteúdo em antibióticos e hormonas). As preocupações com este risco químico específico são também mencionadas em relatórios sobre as percepções dos consumidores relativamente à carne de aves de capoeira (Glitsch, 2000; Yeung e Morris, 2001) e à carne de porco (Glitsch, 2000). Morkbak e Christensen (2010) estimaram que os consumidores dinamarqueses estavam dispostos a pagar pela carne de porco produzida de acordo com regras mais rigorosas no que respeita à utilização de antibióticos.

2.5.8 Subprodutos animais

A recolha, o armazenamento, a eliminação e a transformação de subprodutos de matadouros são uma parte importante dos cuidados prestados em regiões com criação intensiva de animais e produção de carne. É necessário evitar a transmissão de doenças e a poluição ambiental através de um manuseamento inadequado e/ou incorreto dos subprodutos de matadouros. Há uma necessidade crescente de encontrar uma solução para a eliminação segura dos subprodutos animais através da sua utilização e transformação em alimentos para animais e biocombustíveis, devido à produção pecuária intensiva e ao aumento das capacidades dos matadouros industriais, à construção de novos pequenos matadouros, de fábricas de transformação de carne e ao aumento do volume do comércio internacional de produtos animais comerciais (Okanovic et al., 2006). Para tal, é necessário organizar a recolha, o armazenamento e a eliminação dos subprodutos animais provenientes do abate, através do seu processamento técnico em instalações especializadas, que produzem a partir desta matéria-prima (dependendo da categoria prevista na Diretiva UE 1774/2002) alimentos para animais de alta qualidade ou matérias-primas para a produção de biocombustíveis (biogás, biodiesel) com a proteção total do ambiente (Risticand Okanovic, 2008; Okanovic et al., 2007). No que diz respeito às instalações de processamento de resíduos animais, estas devem cumprir duas funções básicas, tais como proteger o ambiente da poluição causada pelos resíduos animais e gerar produtos sanitariamente seguros e, durante a conceção da instalação e durante o seu funcionamento regular, bem como durante os incidentes indesejados, aplicar medidas regulares de proteção do ambiente (Ristic e Okanovic, 2008).

2.5.9 Preocupação com a saúde pública

Os produtores, os vendedores e as autoridades de segurança dispõem de mais e melhor informação sobre os perigos potenciais e a dimensão do risco associado ao consumo de um determinado produto alimentar. A assimetria pode estar associada à indisponibilidade (intencional ou não) de informação para os consumidores, mas também a diferenças entre as provas científicas e a perceção dos consumidores (Miles et al., 2004; Yeung e Morris, 2001). Para garantir a segurança alimentar no abate, são necessárias medidas adicionais aos procedimentos tradicionais de inspeção da carne, em particular porque os animais saudáveis produtores de alimentos podem ser portadores de importantes agentes patogénicos bacterianos que causam doenças humanas (EFSA/ECDC, 2014). Devem aplicar programas obrigatórios de autocontrolo seguindo a abordagem de análise de perigos e pontos críticos de controlo (HACCP). Para a avaliação do desempenho do processo, a análise do processo de abate é de importância central. Para permitir a estimativa dos riscos envolvidos e a adoção de medidas adequadas, a análise do processo de abate deve também incluir dados microbiológicos específicos do matadouro sobre a contaminação das carcaças durante o abate (Spescha et al., 2006; Milios et al., 2014), especialmente porque as carcaças podem estar contaminadas apesar da ausência de contaminação visível. Para verificar as condições de higiene do abate na prática diária, o estado microbiano das carcaças é frequentemente determinado através da monitorização de organismos indicadores nas carcaças no final do abate (Zweifel et al., 2007). A segurança da carne é um conceito complexo, uma vez que existem muitos perigos e desafios a ter em conta. Os perigos incluem agentes patogénicos microbianos, resistência a antibacterianos, aditivos alimentares, resíduos químicos e outros possíveis contaminantes, para citar alguns (Knowles et al., 2007). Os desafios em matéria de segurança da carne envolvem questões de rastreabilidade, problemas de deteção de agentes patogénicos e de resíduos químicos, questões regulamentares, resposta às preocupações dos consumidores, etc. (Sofos, 2008).

2.5.10 Capacitação do funcionário

Na lei do abate de 2011, na secção 12 (1 e 2), é mencionado que apenas o Diretor-Geral do Departamento de Serviços Pecuários ou o seu oficial veterinário designado tem direito de acesso ao matadouro. Trata-se de uma habilitação unilateral que afasta o licenciado em zootecnia. Na lei relativa ao abate de animais do Punjab (1963), é mencionado o poder de entrada, busca e apreensão - (1) Um veterinário ou qualquer outro funcionário do Estado pode: *a)* entrar e revistar um matadouro ou quaisquer outras instalações onde tenha razões para crer que foi, está a ser ou está prestes a ser cometida uma infração nos termos da presente lei ou das normas, e pode apreender qualquer animal, carcaça ou carne relativamente aos quais essa infração tenha sido, esteja a ser ou esteja prestes a ser cometida, consoante o caso e *b)* prender ou mandar prender qualquer pessoa que, em seu entender, cometa uma infração ao abrigo das disposições da presente lei ou das regras. (2) Um veterinário ou um oficial da autoridade que prenda ou mande prender uma pessoa, ou que apreenda ou mande apreender um animal, uma carcaça ou uma carne: *a)* Sem demora inútil, e sob reserva do disposto nas alíneas b) e c) no que respeita à libertação sob caução levar ou enviar a pessoa detida ou a carcaça do animal ou a carne apreendida ao agente de polícia, juntamente com um relatório escrito que indique os factos constitutivos da infração pela qual essa pessoa foi detida ou esse animal, carcaça ou carne foi apreendido; "Veterinário", um funcionário do Departamento de Desenvolvimento da Pecuária e dos Produtos Lácteos], de categoria não inferior a cirurgião veterinário assistente, incluindo um responsável por um matadouro, desde que esse responsável possua um grau ou diploma de uma faculdade de veterinária ou de zootecnia reconhecida e *c) Libertar* esse animal para a pessoa em cuja posse foi apreendido ou para o seu proprietário, mediante o pagamento de uma caução para o apresentar, quando tal for exigido, ao agente de polícia. *Explicação* - Na subsecção (2), entende-se por "agente de polícia" o agente responsável pelo posto de polícia mais próximo.

2.6 Factores relacionados com a lei da alimentação animal

2.6.1 Papel da indústria dos alimentos para animais

Apesar de ser um elo importante na cadeia de produção animal, a indústria da alimentação animal é importante para ajudar a garantir a segurança dos alimentos para consumo humano e, para o conseguir, os produtores devem aderir a boas práticas de fabrico na aquisição, manuseamento, armazenamento, transformação e distribuição de alimentos para animais (FAO e OMS, 2008). Surtos como a encefalopatia espongiforme bovina (EEB), a *Escherichia coli* e a *Salmonella* realçaram a importância da indústria dos alimentos para animais na saúde pública e, embora algumas medidas curativas possam ser simplesmente a melhoria da formação do pessoal nas fábricas de alimentos para animais (FAO e OMS, 2008), outras medidas são mais complexas e exigem uma presença institucional forte e ativa. Por exemplo, os organismos governamentais devem ser responsáveis pela garantia de qualidade e pela definição das normas a respeitar pelo sector. Há outras tarefas mais complexas e a longo prazo que podem envolver a realização de investigação sobre os alimentos para animais, a fim de obter uma base de conhecimentos abrangente das características nutricionais dos ingredientes disponíveis para os alimentos para animais, o que também leva à restrição ou à utilização limitada de certos ingredientes. O desenvolvimento da indústria dos alimentos para animais representa uma oportunidade para os sectores agrícola e pecuário beneficiarem das actividades de produção uns dos outros. Tanto a produção animal como a produção vegetal têm sido frequentemente tratadas como actividades mutuamente exclusivas que competem pelos mesmos recursos, e os esforços de desenvolvimento nacional não conseguiram integrar as duas (Lwoga & Urio, 1987). Os dois sectores podem andar de mãos dadas. Por exemplo, os fabricantes de alimentos para animais, através da utilização de resíduos de culturas, podem acrescentar valor a algumas das principais culturas utilizadas na produção de alimentos para animais. Regra geral, a indústria de alimentos para animais não pode competir com as indústrias que produzem alimentos para consumo humano, que pagam preços mais elevados pelas matérias-primas, e só os restantes subprodutos da indústria que satisfazem as suas necessidades podem ser utilizados na indústria de alimentos para animais (Shipton e Hecht, 2005). É assim que tanto os produtores agrícolas como as indústrias de fabrico de alimentos podem beneficiar do valor acrescentado gerado pela produção de alimentos para animais.

A indústria de fabrico de alimentos para animais desempenha um papel importante no desenvolvimento socioeconómico do país, dando contributos importantes para o emprego, a geração de rendimentos e as ligações na cadeia de valor. Além disso, uma indústria de alimentos para animais eficiente, que produza alimentos para animais de alta qualidade e a preços acessíveis, pode ajudar a garantir que os pequenos criadores de gado não sejam excluídos das oportunidades de mercado apresentadas pela transformação socioeconómica em curso no Bangladeche.

2.6.2 Fábricas de alimentos para animais no Bangladesh

A indústria de produção de rações para aves de capoeira, enquanto empresa agroindustrial, é relativamente nova no Bangladesh. Antes da década de oitenta, não existia no país nenhum produtor especializado de rações, ou seja, nenhuma fábrica de rações. Atualmente, há muito poucos produtores especializados em alimentos para animais e os restantes têm poucos conhecimentos sobre esta atividade. O sector dos alimentos para animais, em especial o dos concentrados, era controlado por alguns comerciantes de alimentos para animais que não possuíam quaisquer conhecimentos científicos sobre a formulação de alimentos para animais nem quaisquer dispositivos mecânicos para preparar alimentos equilibrados. Principalmente, recolhiam diferentes produtos e subprodutos agrícolas de diferentes partes do país e vendiam-nos como alimentos para os criadores de gado. Ocasionalmente, costumavam misturar esses produtos por métodos manuais sem manter uma proporção equilibrada. De facto, em geral, apenas acrescentavam utilidade de lugar e, por vezes, uma pequena utilidade de forma.

O Bangladeche é um país deficitário em alimentos para animais. Atualmente, existem cerca de 250 fábricas de rações registadas no nosso país (Uddin, 2014). Estas fábricas de rações não produzem quantidades suficientes de rações.

2.6.3 Produção e escassez de alimentos para animais no Bangladesh

Qualquer material ingerido por um animal como parte da sua ração diária pode ser definido como alimento para animais. Por outras palavras, um alimento é qualquer material comestível suscetível de ser digerido e utilizado pelo gado. Os alimentos para animais podem ser classificados em duas grandes categorias: alimentos grosseiros e concentrados. Os alimentos da categoria dos alimentos grosseiros são volumosos, fibrosos e relativamente pouco energéticos. Os exemplos incluem a palha, o pasto, a silagem e a forragem. Os concentrados, como o nome indica, têm uma fonte de energia ou de proteínas mais concentrada e um teor de fibras inferior. Com, cevada, trigo, soja, farelo, melaço estão todos incluídos nesta categoria. Numa situação tradicional e não comercial, as pessoas normalmente criam o seu gado principalmente com forragens grosseiras. Embora seja económico para um animal indígena pouco produtivo, no caso de um animal altamente produtivo em explorações comerciais, é essencial adicionar concentrados suficientes à sua ração alimentar para manter o nível de produtividade desejado. No caso das aves de capoeira, são utilizados intensivamente na alimentação diferentes tipos de concentrados, bem como pré-misturas de vitaminas e minerais.

No Bangladesh, há uma grande escassez de alimentos para animais. Muitos cientistas e especialistas identificaram e referiram os principais obstáculos ao desenvolvimento do sector avícola no Bangladesh. Entre eles, o constrangimento mais comum e importante é a escassez de recursos alimentares. É consensual que a baixa produção avícola no Bangladeche se deve principalmente à falta de pessoal para a alimentação animal. Esta situação de escassez de alimentos para animais está a agravar-se de dia para dia. A produção de alimentos para animais, tanto grosseiros como concentrados, é de 26,27MT e 5,83MT, respctivamente, enquanto a procura de gado e aves de capoeira é de 37,45MT e 46,4MT, respetivamente. Assim, a carência de alimentos para animais, tanto grosseiros como concentrados, é de 29,85% e 87,44%, respetivamente. A carência global de alimentos para animais é de 72,8 % (Uddin, 2014).

A procura anual de rações comerciais é de 33 000 000 MT e a capacidade de produção de 100 fábricas de rações no Bangladesh é de cerca de 27 000 000 MT, incluindo 8 000 000 MT de rações aquáticas (Uddin, 2014). Para além das 33 lakh MT de rações para aves de capoeira e aquáticas, são utilizadas cerca de 7, 00,000.0

MT de rações mistas manuais para o gado (Uddin, 2014).

Os aditivos utilizados nas rações comerciais são de 1-1,5%, ou seja, cerca de 70.000 toneladas de aditivos utilizados anualmente nas rações comerciais (Uddin, 2014). Os principais aditivos para a alimentação animal são: aglutinante de toxinas, inibidor de bolores, enzimas, aminoácidos e vitaminas sintéticos, pré-misturas para a alimentação animal, pré-misturas de vitaminas e minerais, minerais vestigiais, ácidos orgânicos e probióticos, anti-salmonela, antibiótico para uso terapêutico através de rações (o antibiótico como promotor de crescimento é estritamente proibido de usar na alimentação animal de acordo com a Lei da Alimentação Animal de 2010). A maior parte dos aditivos para alimentação animal foi importada pelas empresas de saúde e pelas fábricas de alimentos para animais. Os principais ingredientes dos alimentos para animais que foram importados pelas fábricas de alimentos para animais comerciais são: Farinha de carne e ossos, fosfato di-cálcico, fosfato monocálcico, farinha de peixe, concentrados proteicos, farinha de peixe seca em fluxo, farinha de soja, onde cerca de 50% é produzido localmente agora (Uddin, 2014).

Embora, devido às iniciativas do governo, a situação da oferta de alimentos para animais tenha melhorado ligeiramente, a oferta continua a ser muito inadequada em relação ao aumento da procura.

2.6.4 Desafios enfrentados pelo sector

O papel da indústria deve ser o de fornecer alimentos para animais de alta qualidade que satisfaçam as necessidades nutricionais dos animais em diferentes fases de crescimento ou de produção, ao mesmo tempo que a produção de tais alimentos continua a ser económica, o que só é possível através da mistura óptima de ingredientes (Babic & Peric, 2011). No entanto, a indústria de alimentos para animais no Bangladeche enfrenta vários constrangimentos que devem ser resolvidos.

Existem poucos laboratórios acreditados que realizam análises químicas dos alimentos para animais, o que resulta em poucos dados e informações fiáveis, o que faz com que a agricultura animal tenha preços menos competitivos em comparação com os países desenvolvidos (de Jonge, & Jackson, 2013). A falta de confiança na informação nutricional dos alimentos para animais fornecida pelos fornecedores significa que os compradores (criadores de gado) não têm a garantia de alimentos de alta qualidade. Isto sugere que o sector está subdesenvolvido, o que pode em parte ser explicado pela sua infância. Safalaoh e Chapotera (2006) afirmaram que a ausência de dados de base para fundamentar recomendações ou estratégias de desenvolvimento torna as intervenções do sector público e/ou privado extremamente difíceis. Além disso, o controlo formal da qualidade na Tanzânia é pouco frequente, tanto no local de produção como no ponto de venda, uma situação que é exacerbada pela presença de rótulos falsificados no sector informal (Kurwijila *et al.,* 2011). Esta situação gera uma falta de confiança entre as várias partes interessadas.

A alimentação esperada requer informações precisas sobre o valor nutricional dos alimentos, a fim de desenvolver estratégias de alimentação adequadas para diferentes animais em vários estágios de crescimento (Babic & Peric, 2011). O estudo mais recente de El-Sayed (2014) sobre a indústria egípcia de rações para aquacultura revelou alguns dos problemas que caracterizam os sectores da alimentação animal nos países em desenvolvimento, a saber: mais de metade dos produtores de rações não efectuam análises de proximidade, 60% dos produtores não recebem inspecções de controlo de qualidade e menos de metade das amostras analisadas correspondem aos valores registados nos rótulos. Além disso, as cadeias de abastecimento de comercialização estão fragmentadas e subdesenvolvidas. Os sistemas de transporte não são fiáveis e são ineficientes, o que aumenta os custos de transação e reduz a qualidade dos produtos agrícolas perecíveis.

2.6.5 Associação de fabricantes de alimentos para animais

A literatura e a informação sobre a Associação de Fabricantes de Alimentos para Animais do Bangladesh são escassas. A existência da associação é essencial para proteger os interesses da indústria de alimentos para animais no país, sendo também responsável por garantir a qualidade e a segurança dos alimentos compostos para animais (FEFAC, 2013), o que pode ser conseguido através da definição de regras claras e de boas directrizes de fabrico que assegurem a autorregulação e uma melhor regulamentação governamental ao longo da cadeia de abastecimento (Louw *et al.,* 2013). Além disso, as associações são úteis para fornecer serviços em falta ou inadequados, melhorar a força negocial com os fornecedores e permitir uma maior coordenação do fluxo de fornecimento de factores de produção (Schmidt *et al.,* 2014). A associação de fabricantes de alimentos para animais deve também colmatar as lacunas de conhecimento no sector, definindo assim a agenda para a investigação e desenvolvimento (I&D), a fim de aumentar a competitividade e a capacidade de inovação, de modo a garantir sistemas de produção animal sustentáveis e eficientes em termos de recursos (FEFAC, 2013). A associação de fabricantes de alimentos para animais tem o dever de desempenhar um papel central no processo de tomada de decisões na indústria de alimentos para animais (Louw *et al.,* 2013), actuando como elo de ligação entre todos os intervenientes no sector, tanto públicos como privados.

2.6.6 Conceito de cadeia de valor

A abordagem da cadeia de valor, desenvolvida pela primeira vez nos anos 60 e 70 (Kaplinsky, 2000), é cada vez mais utilizada na investigação e na prática do desenvolvimento, a fim de compreender as interacções e relações que ocorrem nos ambientes agrícolas dinâmicos e complexos dos países em desenvolvimento. Todos os elos, actores e actividades estão incluídos na cadeia de valor que começa desde a conceção de um produto, passando pelas fases intermédias de produção e entrega, até ao momento em que o produto é consumido (Kaplinsky, 2000). O envolvimento deste processo exige transformação física e adição de valor. As cadeias de valor são extremamente complexas e carecem de análises quantitativas; elas fornecem um meio útil de caraterizar qualitativamente as interacções dentro dos sistemas pecuários, fornecendo assim uma plataforma para áreas de intervenção chave. A compreensão da abordagem da cadeia de valor oferece uma oportunidade para avaliar iniciativas de intervenção integradas no sector dos alimentos para animais. A utilização da cadeia de valor torna isto possível ao reconhecer que os alimentos compostos formam apenas um único componente da cadeia de valor, enquanto a melhoria da produtividade animal através do melhoramento dos alimentos depende da eficácia de toda a cadeia de valor (Ayele *et al.*, 2012). Estes actores influenciam a qualidade de um alimento para animais, mas também enfrentam os seus próprios desafios individuais (Bishop, 2013), pelo que cada componente merece uma análise individual.

2.7 Factores relacionados com a política de desenvolvimento da avicultura

2.7.1 Contribuição do sector das aves de capoeira no Bangladesh

Ultimamente, o sector das aves de capoeira tem emergido como um sector comercial florescente e promissor no Bangladesh. Dos subsectores da agricultura não agrícola, estima-se que o subsector da criação de animais tenha crescido 3,49% em 2012/13 (BBS, 2013). A carne de aves de capoeira contribui com 25,32 lakh toneladas do total de proteínas animais no nosso país (BER, 2013). A indústria avícola está a tornar-se uma indústria líder no Bangladesh. O sector tem crescido a uma taxa anual de cerca de 20 por cento nas últimas duas décadas (Islam et al, 2014). Foi em 1995 que a indústria avícola começou de forma organizada no Bangladeche. Entre a população animal do Bangladesh, a população de aves de capoeira era de 2329,9 lac em 2005-06 e em 2012-13 atingiu 2932,35 lac (BER, 2013). O sistema de criação comercial de aves de capoeira é considerado um local importante para reduzir o desemprego, a pobreza e o problema da subnutrição (Ershad *et al.*, 2004). A avicultura proporciona uma contribuição económica substancial e gera oportunidades de autoemprego para a geração de jovens desempregados. Trata-se de uma atividade mais ou menos rentável no nosso país. Além disso, este sistema de criação é considerado por muitos países como uma atividade estável. Cerca de 31,5 por cento das pessoas vivem abaixo do limiar de pobreza no nosso país (BER, 2013). A avicultura pode ser considerada um instrumento eficaz para reduzir a pobreza através do aumento do rendimento e da criação de emprego. No entanto, a avicultura no Bangladesh registou um desenvolvimento notável.

No Bangladesh, a criação de aves de capoeira é também parte integrante do sistema agrícola. O número de cabeças de gado e de aves de capoeira aumenta de dia para dia no nosso país. Em 2004-05, o efetivo pecuário total era de 454,1 lakh, tendo atingido 530,20 lakh em 2012-13. A população de aves de capoeira era de 2207,3 lakh em 2004-05 e em 2012-13 atingiu 2932,35 lakh (BER, 2011). O quadro 2.3 mostra a taxa de crescimento do efetivo pecuário e avícola do Bangladesh ao longo dos últimos anos. Observa-se no quadro que a taxa de crescimento é satisfatória ao longo de todo o período.

Quadro 2.3 População de gado e aves de capoeira no Bangladesh

(Número em Lac)

Particular	2005-06	2006-07	2007-08	2008-09	2009-10	2010-11	2011-12	2012-13
Gado	228.00	228.70	229.00	229.76	230.51	231.21	231.95	232.41
Búfalo	11.60	12.10	12.60	13.04	13.49	13.94	14.43	14.47
Cabra	199.04	207.50	215.60	224.01	232.75	241.49	251.16	252.12
Ovinos	25.70	26.80	27.80	28.77	29.77	30.02	30.82	31.20
Total de efectivos	464.70	475.10	485.00	495.58	506.52	512.66	528.36	530.20
Galinha	1948.20	2068.90	2124.70	2213.94	2280.35	2346.86	2828.66	2466.00
Pato	381.70	390.80	398.40	412.34	426.77	441.20	457.00	466.35
Total Aves de capoeira	2329.90	2459.70	2523.10	2626.28	2707.12	2788.06	2885.66	2932.35

Fonte: BER, 2013

Já foram criadas no Bangladesh seis explorações de criação de animais de criação que fornecem cerca de 80% da procura total de animais de criação; os restantes 20% são importados (Saleque, 2010). Atualmente, 82 explorações de progenitores estão em funcionamento no Bangladesh e produzem 55-60 lac de frangos de carne de um dia e 5 lac de galinhas poedeiras de um dia por semana, sendo que, em outubro de 2011, a estimativa da Associação de Criadores era de cerca de 90-95 lac. Apesar do rápido crescimento da avicultura comercial, os ovos e as carnes de aves de capoeira são também produzidos em pequenas explorações agrícolas segundo os sistemas tradicionais de recolha (Latif, 2001).

A produção de proteínas animais, como o leite, a carne (de vaca, de carneiro e de galinha) e os ovos, tem vindo a aumentar nos últimos anos. O quadro 1.2 apresenta um resumo das estatísticas de produção de leite, carne e ovos do AF 2005-06 ao AF 2012-13. De acordo com o Bangladesh Economic Review (2013), a taxa de crescimento da produção de leite e de carne é muito mais elevada em 2012-2013 do que em 2005-2006 e a taxa de crescimento da produção de ovos é mais baixa em 2012-2013 do que em 2005-2006, mas depois aumentou em 2011-12. Depois disso, em 2012-13, desceu. Embora a produção de ovos tenha flutuado ao longo do ano, a produção de leite e de carne está a aumentar de ano para ano. A taxa de crescimento da produção de leite e de carne está a aumentar gradualmente ao longo dos anos (Quadro 2.4).

Quadro 2.4 Produção de leite, carne e ovos de 2005/06 a 2012/13

temas	Unidade	2005-06	2006-07	2007-08	2008-09	2009-10	2010-11	2011-12	2012-13
Leite	Tons de laca	22.70	22.80	26.50	22.86	23.65	18.91	34.63	34.63
Carne	Tons de laca	11.30	10.40	10.40	10.84	12.64	12.79	23.32	25.32
Ovo	Laca	54220	53690	56532	46920	57424	42110	73038	51347

Fonte: BER, 2013

2.7.2 Contribuição do sector das aves de capoeira para o PIB

Com uma harmonia comunal única, o Bangladesh tem uma área terrestre de 147570 km2 com uma grande população de cerca de 146,6 milhões de habitantes (BBS, 2011) e uma grande percentagem da população depende da agricultura para a sua subsistência. O sector agrícola desempenha um papel importante no desenvolvimento económico global do Bangladesh e é considerado como a tábua de salvação da economia do país. É também um sector social importante que se ocupa de questões como a segurança alimentar e nutricional, a geração de rendimentos e a redução da pobreza.

De acordo com a estimativa provisória do Bangladesh Bureau of Statistics, a contribuição global do sector agrícola em geral, a preços constantes, foi de 19,95% do PIB em 2012/13 (BER, 2013). No sector agrícola, a contribuição dos três subsectores, nomeadamente culturas e produtos hortícolas, pecuária, pesca e silvicultura, foi de 11,24%, 2,57% e 1,71%, respetivamente, e a contribuição da pesca foi estimada em 4,43% no ano de 2012-13. A taxa de crescimento setorial do PIB a preços constantes desde 2007-08 até 2012-13 é apresentada no Quadro 2.5

Quadro 2.5 Taxa de crescimento setorial do PIB a preços constantes desde 2007/08 a 2012/13

(Em percentagem)

Sector/Subsector	2007/08	2008/09	2009/10	2010/11	2011/12	2012/13
Agricultura e silvicultura	2.93	4.10	5.56	5.09	1.72	1.18
Culturas e horticultura	2.67	4.02	6.13	5.65	0.94	0.15
Criação de animais	2.44	3.48	3.38	3.90	3.39	3.49
Serviços florestais e conexos	5.47	5.69	5.23	5.25	4.42	4.47
Pescas	4.18	4.16	4.15	5.13	5.38	5.52

Fonte: BBS, 2013.

A percentagem setorial no PIB a preços constantes é apresentada no quadro 2.6. O quadro mostra que, em 2012/13, a quota-parte da criação de animais no PIB a preços constantes foi de 2,57%.

Quadro 2.6 Quota setorial do PIB a preços constantes de 2007/08 a 2012/13

Sector / Subsector	2007/08	2008/09	2009/10	2010/11	2011/12	2012/13
Culturas e horticultura	12.28	12.00	11.64	11.43	11.42	11.24
Criação de animais	2.92	2.88	2.79	2.73	2.65	2.57
Serviços florestais e conexos	1.79	1.76	1.75	1.75	1.73	1.71
Pescas	4.86	4.73	4.65	4.58	4.49	4.43

Fonte: BBS, 2013.

2.7.3 Principais ameaças ao sector avícola

Devido à gripe aviária, o sector sofreu perdas de cerca de 700 milhões de Tk (de acordo com a Breeder's Association of Bangladesh, 2015). Tratou-se de uma perda enorme para os produtores, que não obtiveram qualquer tipo de ajuda financeira para a atenuar. De acordo com o relatório da FAO (20 de abril de 2015), o Bangladeche e cinco outros países, Índia, China, Egipto, Indonésia e Vietname, têm sido afectados pelo vírus H5N1. A gripe aviária continua a ser endémica devido a serviços veterinários e de produção animal deficientes que atrasam a revelação e a gestão adequadas da infeção.

Neste contexto, a expansão dos serviços veterinários, incluindo a vacinação, é essencial. É necessária uma estratégia, um planeamento a longo prazo e a sua aplicação efectiva para alimentar a população do país, bem como a exportação até 2021. Recentemente, o Conselho Nacional de Receitas impôs novos impostos sobre a importação de milho. Este facto criou um problema, uma vez que o milho é o principal ingrediente para a preparação de alimentos para aves de capoeira. Além disso, a isenção fiscal sobre as aves de capoeira também terminará em junho de 2011.

O preço das matérias-primas para aves de capoeira registou um forte aumento no mercado internacional. Naturalmente, os custos de produção também registaram um aumento. Gopalkrishnan e Mohanlal (1994) afirmam que os custos de alimentação representam 65 a 75% do custo total da produção comercial de aves de capoeira, dependendo principalmente dos custos relativos dos componentes da alimentação, da mão de obra, do alojamento e dos custos de diversos artigos numa situação específica. Este sector também sofre muito com os cortes de energia. A taxa de juro bancária neste sector é muito elevada, com uma média de 12-14% por ano, e a taxa de juro efectiva real é de cerca de 18-20% por ano. Além disso, este sector está associado a muitos encargos e custos ocultos para obter o empréstimo do sector bancário. A falta de uma gestão moderna da avicultura está também a ter um impacto negativo. Atualmente, no país, prevalece a inflação induzida pelos custos e a inflação induzida pela procura. Consequentemente, o poder de compra das pessoas está a diminuir.

Atualmente, os ovos e as galinhas são distribuídos através de intermediários, pelo que os agricultores não estão a receber o preço real. Nos últimos seis/sete meses, têm registado enormes prejuízos, uma vez que o custo de produção é elevado e o preço de venda é baixo. Os produtores efectivos não beneficiam do preço elevado, pois são oprimidos pelos intermediários que sugam os lucros. Além disso, os utilizadores finais, ou seja, os clientes, têm de pagar um preço mais elevado.

Houve muitos gestos positivos por parte do governo, que aumentou os subsídios para os agricultores afectados pela gripe aviária e tomou iniciativas para inventar novas vacinas a fim de se livrar do problema da gripe aviária, para o que vai gastar 57 milhões de kwanzas. Estão também a ser executados novos projectos em benefício do sector pecuário. Para atenuar o défice alimentar, especialmente o de proteínas, o sector avícola necessita de uma atenção especial.

2.7.4 Cadeia de abastecimento de alimentos para animais no sector avícola

A fábrica de alimentos para animais desempenha um papel importante no desenvolvimento do sector avícola, contribuindo assim em grande medida para a economia nacional do Bangladeche. Uma vez que os alimentos para animais são o fator de produção fundamental com forte influência na produtividade das aves de capoeira, uma alimentação equilibrada e de qualidade superior é essencial para o êxito da exploração. Os 10 principais intervenientes na cadeia de abastecimento de alimentos para animais são apresentados no quadro 2.7.

Quadro 2.7 Os 10 principais intervenientes na cadeia de abastecimento de alimentos para animais

SL.No.	Nome da fábrica de alimentos para animais	Produção / ano (milhões de toneladas)
1	Produtos de alimentação Aftab	0.29
2	Aves de capoeira e incubadoras Nourish	0.28
3	Alimentos de qualidade Ltd.	0.27
4	Paragon feed Ltd.	0.25
5	Kazi Feeds Ltd.	0.23
6	Saudi-Bangla fish feed Ltd.	0.22
7	CP Bangladesh Co. Ltd.	0.12
8	ACI Godrej Agro Pvt. Ltd.	0.11
9	Moinhos de ração New Hope	0.09
10	AIT	0.08
	Top 10	1.95
	Top 11-25	0.63
	Outras fábricas de alimentos para animais (estimativa)	0.19
	Total	2.77

Fonte: Uddin, 2014

O consumo de alimentos para animais representa cerca de 65-70% do custo total de uma exploração agrícola (Das, 2014). O obstáculo mais significativo ao desenvolvimento do sector pecuário é a escassez aguda de alimentos equilibrados, que já foi discutida anteriormente. No passado recente, foram criadas no país muitas explorações leiteiras e avícolas em pequena escala, mas 20 a 25 por cento das explorações leiteiras e 25 a 30 por cento das explorações avícolas abandonaram a atividade na sua fase inicial (Islam, 2014). Entre as principais causas deste abandono, uma foi a indisponibilidade de alimentos para animais. As necessidades e a disponibilidade anuais de alimentos para animais e a projeção futura em 2020-21 são apresentadas no Quadro 2.8. Mostra que o fornecimento comercial de ração em 2001-2002 foi de 281,5 mil toneladas, o que representou 23,84% das necessidades totais, mas em 2010-2011 a ração comercial foi capaz de satisfazer a procura em cerca de 83,85% das necessidades totais. É indicado que, devido à expansão da indústria de alimentos comerciais para animais no Bangladeche, é possível satisfazer mais de 80% das necessidades totais de alimentos compostos para animais. Considerando a atual taxa de crescimento das aves de capoeira, dos bovinos e da aquicultura, as necessidades anuais estimadas de alimentos compostos para animais seriam de 10,60 milhões de toneladas em 2020-21. A produção anual aproximada de alimentos para animais de diferentes indústrias comerciais de alimentos para animais é de 2 milhões de toneladas de alimentos compostos por ano no país. Por conseguinte, de acordo com a estimativa da sua capacidade de produção atual, revela-se que a produção de alimentos compostos para animais satisfará apenas 26,11% das necessidades totais em 2020-21 (Uddin, 2014). Por conseguinte, isto indica o potencial da produção de alimentos compostos para animais no país no futuro.

Quadro 2.8 Necessidades anuais de alimentos para animais (MT) e fornecimento comercial de alimentos para animais

Particularidades	Ano	
	2001-2002	2010-2011
Frango de carne PS	54,268	255,500
DOC (frango de carne)	301,077	858,000
Camada PS	10,336	19,710
DOC (camada)	810,146	1,357,070
Gado	5,066	10,106
Peixe	-	800,000
Necessidade total de alimentos para animais (MT)*	1, 180,893	3,300,386
Fornecimento de alimentos compostos para a indústria (MT)	281,550	2,767,440
Disponibilidade (%)	23.84	83.85

Fonte: FAO, 2013.

Embora exista a possibilidade de colmatar a escassez de ingredientes para a alimentação animal através da importação, os agricultores não dispõem de conhecimentos técnicos e de dispositivos mecânicos adequados para preparar alimentos equilibrados para as suas aves de capoeira a nível da exploração. Existem alguns microingredientes como vitaminas, minerais e enzimas, etc., que são necessários adicionar numa proporção muito pequena, por exemplo, na proporção de 1:10 000, na formulação da ração, mas que têm um grande impacto na produtividade. Não é possível misturar estes micro ingredientes de forma homogénea e manter a qualidade da ração de forma adequada sem utilizar uma máquina automática. Na formulação da ração, é necessário um método altamente sofisticado de cálculo e diferentes testes químicos que exigem um grande investimento e, sem dúvida, estão fora do alcance do agricultor. As fábricas de rações são especializadas neste tipo de trabalho. Dispõem de capital adequado, de instalações de mistura modernas, de laboratórios bem equipados e de pessoal técnico e qualificado para efetuar estes trabalhos. Além disso, as fábricas de alimentos para animais não só utilizam equipamento moderno e pessoal especializado, como também importam tecnologia relacionada com a produção, manuseamento de cereais, armazenamento, formulação de alimentos para animais, etc. Assim, ao assegurar o fornecimento de alimentos de qualidade para o sector pecuário, a indústria das fábricas de alimentos para animais está a melhorar significativamente toda a economia através do seu efeito de ligação para a frente. A indústria de produção de alimentos para animais melhora a eficiência e a digestibilidade dos alimentos para animais através de uma formulação e transformação científicas e contribui para uma utilização eficiente dos escassos recursos alimentares. Esta indústria também gera uma série de postos de trabalho nas fábricas de transformação e envolve uma série de pessoas nos canais de distribuição de alimentos para animais.

A rápida urbanização, o crescimento da população, o aumento dos rendimentos, etc., conduzirão a uma maior procura de aves de capoeira e de produtos à base de aves de capoeira no futuro. A capacidade de satisfazer essa procura dependerá em grande medida da capacidade de alimentar essas aves de capoeira de uma forma eficiente e equilibrada, o que só pode ser feito através de fábricas de rações bem equipadas. Este facto aumenta a importância do sector a cada dia que passa. Consciente da importância desta indústria, o Governo da Bósnia e Herzegovina está a tentar envolver mais empresários privados neste sector. Para desenvolver este sector, o Governo da Bósnia e Herzegovina empreendeu igualmente vários programas de desenvolvimento de alimentos para animais e forragens.

O sector avícola registou um aumento de cerca de 38,8% por exploração e um aumento per capita de 64,8% no período entre 1983/84 e 2005 (Comissão de Planeamento 2011). Na verdade, houve uma revolução silenciosa no sector das aves de capoeira durante a última década. Entre 2000/01 e 2008/09, a população de aves de capoeira registou um crescimento superior a 5 por cento. É um dos sectores de crescimento mais rápido, uma empresa dinâmica e vibrante com um futuro brilhante, que desempenha um papel crucial no fornecimento de alimentos nutritivos e na geração de rendimentos. É reconhecido como um negócio rentável por muitas pessoas e está a ganhar popularidade de dia para dia, uma vez que estão a ser criadas oportunidades de emprego entre as pessoas. Sendo um país em desenvolvimento, o desemprego, a nutrição inadequada, a pobreza e a escassez de terras aráveis são os principais problemas do Bangladesh. Cerca de 31% da população do Bangladesh vive abaixo do limiar de pobreza absoluta e o número de pessoas sem terra tem vindo a aumentar 3,4% por ano (BBS, 2009). Cerca de 50% das crianças têm peso abaixo do normal e 52% das mães sofrem de deficiências nutricionais (BBS, 2009). A ingestão per capita de carne de aves de capoeira no Bangladesh é de apenas 11,2 gramas por dia (HIES, 2011), em comparação com uma necessidade normal de 36 gramas por dia. A criação comercial de frangos de carne serve de fonte de rendimento para as pessoas pobres quando precisam de dinheiro e cria oportunidades de emprego para jovens desempregados com formação académica e também para as mulheres.

Tem actuado como um instrumento importante para reduzir a migração das populações rurais pobres para as zonas urbanas. Milhões de mulheres rurais estão envolvidas na criação de aves de capoeira no âmbito do programa de alívio da pobreza das Organizações Não Governamentais (ONG) e do Departamento de Serviços Pecuários (DLS) no âmbito do seu programa de pacotes.

O clima do Bangladesh é adequado para a criação de frangos de carne, pelo que as aves de carne podem ser criadas facilmente para satisfazer as necessidades diárias de nutrientes. Os frangos de carne têm um ciclo de vida mais curto e a sua produção exige menos capital do que a de outros animais produtores de carne. A procura de carne de frango tem vindo a aumentar de dia para dia. A maioria das pessoas, independentemente da casta e da religião, prefere o frango. Consequentemente, os preços dos frangos de carne têm vindo a aumentar ao longo dos anos. Ao observar a situação de preço elevado e de procura no mercado interno, a tendência para estabelecer uma exploração comercial em pequena escala aumentou entre as pessoas, tanto nas zonas rurais como urbanas. Por conseguinte, a criação de aves de capoeira está a transformar-se numa indústria. Muitas ONG têm-se apresentado para prestar assistência à criação de pequenas explorações avícolas. Contudo, o número de explorações avícolas não está a aumentar tão rapidamente como se esperava devido a muitas razões. Os principais problemas identificados pelos criadores de frangos de carne no âmbito do estudo foram o preço elevado dos pintos de um dia, o preço elevado dos alimentos, o crescimento insuficiente, a falta de eletricidade, a falta de crédito, etc. Por outro lado, existe um campo mais vasto para o desenvolvimento da criação e do comércio de frangos de carne neste país.

Se o governo der ênfase ao sector avícola, preparar uma política adequada, monitorizar o mercado e incentivar o agricultor, em breve a criação de aves de capoeira será um sector agrícola florescente. Para ultrapassar as dificuldades da criação de frangos de carne e tornar o negócio da criação de frangos de carne mais rentável no país, são apresentadas as seguintes recomendações para melhorar a produção e o comércio actuais de frangos de carne vivos.

1. O governo deveria controlar o elevado preço dos alimentos para animais e dos pintos do dia. Deveria conceder incentivos às fábricas privadas de produção de alimentos para animais e às incubadoras, uma vez que isso pode ser útil para reduzir o elevado preço dos alimentos para animais e dos pintos do dia;

2. Os centros de investigação governamentais e privados devem tentar desenvolver raças melhoradas para uma maior produção;

3. Devem ser definidos regimes de estabilização dos preços e/ou de preços mínimos para garantir que os produtores de frangos de carne recebam o nível mínimo de lucros; e

4. O governo deveria aumentar os serviços veterinários, fornecendo as vacinas e os medicamentos necessários a preços mais baixos e criando novos centros de cuidados veterinários.

2.8 Papel das diferentes partes interessadas

2.8.1 Sector público

O Governo do Estado é responsável pela aplicação da Política Nacional de Pecuária. Acelerará o processo de reforma e continuará a manter um ambiente de política macroeconómica favorável, conducente à participação do sector privado no desenvolvimento e crescimento económicos. O Governo prestará os serviços de apoio necessários para aumentar e manter a produtividade da pecuária, o crescimento dos rendimentos agrícolas reais e a segurança alimentar. O Ministério da Pecuária assegurará a coordenação eficaz dos contributos do sector pecuário pelos principais intervenientes. Isto implica uma coordenação intra-setorial e intersectorial. O próprio governo será responsável pela supervisão e pela garantia de que apenas são importados para o país factores de produção de qualidade no domínio da saúde animal. Serão aplicadas sanções rigorosas em caso de violação das normas relativas aos medicamentos e às vacinas prescritas pela autoridade veterinária (venda de medicamentos contrafeitos, de baixa qualidade e proibidos). Na implementação das orientações da política pecuária, será promovida uma abordagem multissectorial e uma aliança que envolva todos os ministérios responsáveis, a fim de garantir que as estratégias propostas e as políticas declaradas sejam implementadas e que o objetivo desejado seja alcançado (PNL, 2006-2016).

2.8.2 Sector privado

O Governo reconhece o papel essencial do sector privado, que inclui a indústria de rações para animais, os proprietários de incubadoras, os empresários avícolas, a indústria de transformação de carne, as instituições financeiras, a Câmara de Comércio, os criadores de gado, os comerciantes, os transformadores e outros indivíduos e organizações motivados pelo lucro para realizar investimentos na indústria pecuária. A participação e o desempenho efectivos do sector privado requerem um ambiente propício que está a ser criado pelo governo. O sector privado será responsável pela realização de actividades comerciais, tais como a produção, transformação e comercialização de animais e produtos animais, serviços clínicos veterinários curativos e importação e distribuição de insumos animais, a fim de desenvolver a indústria pecuária. A longo prazo, espera-se que o sector privado assuma a prestação de alguns dos serviços públicos, como a extensão, a investigação e a formação, e proporcione oportunidades de emprego (PNL, 2006-2016).

2.8.3 Instituições académicas e de investigação

Existem várias instituições académicas e de investigação no Bangladesh. Estas incluem a Universidade Agrícola do Bangladesh, em Mymensingh. Algumas outras universidades de ciência e tecnologia, o Instituto de Investigação Pecuária do Bangladesh, cujo objetivo é realizar investigação para desenvolver tecnologias adequadas que possam ser utilizadas pelos criadores de gado para desenvolver a indústria. Podem igualmente ministrar cursos de formação adaptados como um dos principais pilares do desenvolvimento do sector da pecuária. A colaboração com estas instituições será reforçada.

2.8.4 Cooperativas/Organizações de produtores de gado

As organizações de base emergentes são importantes para o desenvolvimento do sector pecuário. Estas organizações prestam vários serviços, tais como crédito, extensão, fornecimento de factores de produção e canais de comercialização para a produção animal. Estas organizações serão incentivadas a apoiar o aumento da produção e da produtividade, a transformação, a comercialização e a mobilização de crédito. As comunidades e o seu envolvimento organizacional são essenciais para o sucesso da implementação da política. É crucial um apoio adequado em termos de sensibilização das organizações de agricultores relativamente à política (PNL, 2006-2016).

2.8.5 Organizações não governamentais (ONG) e organizações de base comunitária (OBC)

As organizações acima mencionadas desempenham um papel importante no desenvolvimento da pecuária, particularmente no fornecimento de conhecimentos, informação, reforço de capacidades e mobilização de recursos ao nível das bases. As ONG/OBC reforçarão a parceria e a coordenação na promoção do desenvolvimento da pecuária no país (PNL, 2006-2016).

2.8.6 Associações profissionais

Atualmente, as associações/organizações profissionais no Bangladesh encontram-se numa fase embrionária. Apesar disso, têm desempenhado um papel importante no desenvolvimento da pecuária no país. Têm proporcionado uma estrutura independente para apoiar o desenvolvimento do sector privado e estabelecer um diálogo entre os comerciantes de gado e o Governo. Existem duas associações profissionais no país. Trata-se da Bangladesh Animal Husbandry Association e da

Veterinary Association. O Estado deve procurar apoiar a formação técnica e facilitar a partilha de informações e a criação de redes entre as associações e outras partes interessadas do sector pecuário. É também necessária uma autoridade de certificação dos alimentos para animais no Bangladesh. O governo popular também criará um ambiente jurídico amigável que permita aos membros da associação exercerem a sua atividade e oferecer aos consultores uma delegação clara das suas funções no desenvolvimento do sector (PNL, 2006-2016).

2.8.7 Outras instituições e grupos

As empresas de consultoria e outros prestadores de serviços, enquanto instituições, também desempenham um papel importante no desenvolvimento do sector pecuário. O Governo deveria mobilizar as suas competências e capacidades para contribuir para o desenvolvimento do sector. Para além das ONGs e das OBCs, os prestadores de serviços institucionais do sector privado ainda não estão bem estabelecidos. O Governo deve avançar para encorajar e apoiar o desenvolvimento destas instituições e grupos (PNL, 2006-2016). Todos estes decretos e leis foram promulgados com a boa intenção de proteger os consumidores "indefesos" do Bangladesh. Do mesmo modo, a CAB (Associação de Consumidores do Bangladeche) foi criada para proteger os direitos desses consumidores. No entanto, os consumidores do Bangladeche continuam a debater-se com vários problemas.

Os empresários corruptos tendem a estabelecer uma boa relação com funcionários públicos corruptos que os ajudam a enganar e a explorar os consumidores inocentes. Além disso, o BSTI (Bangladesh Standards and Testing Institute) tem muitos problemas, como o facto de não dispor de equipamento moderno e de instalações para testar muitos produtos. Além disso, os consumidores em geral questionam frequentemente a eficiência e a integridade dos funcionários do BSTI.

Muitos afirmam que a nossa lei atual está ultrapassada, não é capaz de proteger os consumidores, é defeituosa e não cumpre os requisitos actuais. Por conseguinte, a adoção de uma nova lei é uma necessidade. No entanto, pode perguntar-se até que ponto a promulgação de uma nova lei resolverá, de facto, o atual problema dos consumidores? Se a lei já existente não é plenamente aplicada, como podemos esperar que a nova lei proteja os nossos consumidores e os seus direitos melhor do que atualmente (http://www.thedailystar.net/law/2007/03/01/index.htm).

2.8.8 Parceiros de desenvolvimento no sector da pecuária

Os parceiros de desenvolvimento forneceram os recursos necessários para o desenvolvimento do sector pecuário, especialmente os que participam em actividades pecuárias? Os parceiros de desenvolvimento têm desempenhado um papel crucial no apoio a diferentes esforços para conter os constrangimentos existentes no sector da pecuária. Os parceiros de desenvolvimento têm prestado assistência financeira e técnica através de diferentes programas e projectos, com o objetivo de alcançar os objectivos estabelecidos e impulsionar a economia do país para um crescimento sustentável. A expetativa é que os parceiros de desenvolvimento continuem a apoiar o desenvolvimento do sector pecuário através da implementação da política (PNL, 2006-2016).

2.8.9 Mecanismo de coordenação

O sucesso da implementação da Política Nacional de Pecuária e a melhoria do desempenho do sector pecuário dependerão da coordenação vertical e horizontal. Esta inclui a coordenação com outros ministérios, instituições, parceiros de desenvolvimento, agências e outras partes interessadas relacionadas com o sector agrícola, como os criadores de gado e as suas associações. Para que esta coordenação vertical e horizontal seja eficaz e eficiente, o governo concentrar-se-á na preparação e revisão de instrumentos políticos adequados para o sector da pecuária e no acompanhamento da sua utilização, deixando a coordenação efectiva a cargo das partes interessadas. Alguns dos instrumentos que serão utilizados para assegurar a participação de todas as partes interessadas são as leis e os regulamentos, os fóruns das partes interessadas, os resultados da investigação, os serviços de apoio técnico disponíveis, um sistema de alerta precoce, diferentes fóruns profissionais e um sistema de comercialização de gado (PNL, 2006-2016).

2.9 Acompanhamento e avaliação das políticas

O Ministério da Pecuária desenvolverá estratégias e executará um plano detalhado de actividades em função dos objectivos da política. O acompanhamento e a avaliação sistemáticos são essenciais para a aplicação da política e para a avaliação do desempenho. A responsabilidade global pelo controlo e pela avaliação cabe ao Ministério das Pescas e da Pecuária. A eficácia do acompanhamento dependerá de esforços coordenados e de uma estreita cooperação entre as instituições públicas, os ministérios responsáveis pelas finanças, a função pública e o sector privado. O acompanhamento e a avaliação da aplicação das políticas são limitados pela falta de uma distinção clara dos papéis das diferentes instituições. A conceção de indicadores definidos para as funções de coordenação e o sistema de apresentação de relatórios estarão em vigor (PNL, 2006 2016).

2.10 Observações sobre o reexame

Os artigos acima referidos revelam que existe margem para examinar a lei relativa à alimentação animal, a lei relativa ao abate de animais e a política de desenvolvimento das aves de capoeira no Bangladesh. Até à data, não foi realizado qualquer estudo no Bangladesh relacionado com estas políticas e leis. Por conseguinte, espera-se que este estudo preencha a lacuna de informação relativa a estas políticas e leis no Bangladesh.

CAPÍTULO 3

METODOLOGIA

Seleção da área de estudo

O estudo foi efectuado em sete divisões, nomeadamente Dhaka, Chittagong, Rajshahi, Khulna, Sylhet, Barisal e Rangpur (Figura 3.1). A seleção destas divisões foi feita propositadamente pelo investigador, após consulta da equipa de supervisão. Estas sete divisões foram escolhidas por serem locais que contribuem significativamente para o sector da pecuária e da avicultura do Bangladesh. Este estudo envolveu visitas de campo a diferentes instituições, entrevistas semi-estruturadas, discussões em grupos de reflexão, KHs e uma revisão da literatura. Como resultado, foram identificadas as lacunas políticas que precisavam de ser preenchidas para acelerar o desenvolvimento do sector pecuário. Posteriormente, foi realizado um workshop com as partes interessadas, onde foram discutidas as conclusões do estudo.

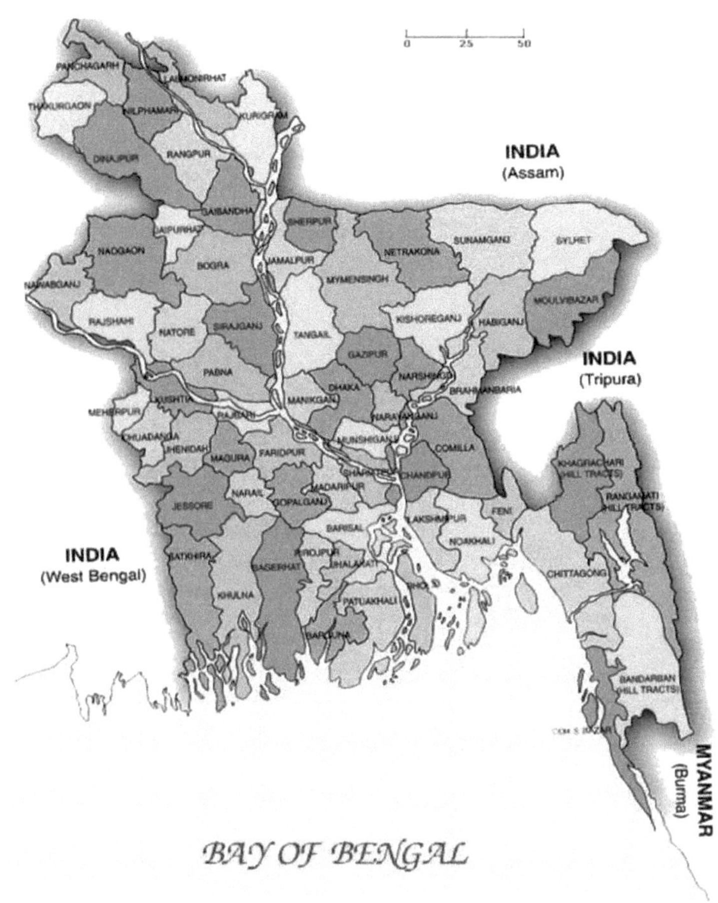

Figura 3.1. Localização geográfica das zonas de inquérito no Bangladesh.

Seleção da amostra e técnica de amostragem

O quadro 3.1 mostra a técnica de amostragem do estudo. No total, foram entrevistadas 377 amostras representativas (abrangendo todas as partes interessadas) das sete divisões seleccionadas. No total, foram entrevistados 377 inquiridos, dos quais 116 agricultores, 64 talhantes, 70 negociantes e distribuidores, 66 transformadores de carne, 10 proprietários de explorações pecuárias/ talhos, 39 ULO/VS/PDO e 12 proprietários de fábricas de rações (Quadro 3.2). Além disso, foram realizados três FGD (Focus Group Discussions) na BAU, DLS, BLRI e 50 Key Informant Interviews (KII) com diferentes intervenientes.

Quadro 3.1 População, dimensão da amostra e técnicas de amostragem

Objectivos	Fonte de dados	Divisões	População	Amostra
Um	Fontes secundárias: análise documental, BBS, DLS, BER, artigos científicos, Internet, compêndio, análises SWOT			Lei relativa ao abate de animais, lei relativa aos alimentos para animais e políticas de desenvolvimento das aves de capoeira
Dois	FGDs (três), KIIs (50), inquérito por questionário	Sete divisões	Produtores de gado e aves de capoeira, empresas de insumos, transformadores de carne, talhantes, pessoal do DLS, académicos, investigadores e consumidores	10-12 pessoas em cada DGF, 50 KIIs
Três	Inquérito por questionário, KII, FGD	Sete divisões	Produtores de gado e aves de capoeira, empresas de insumos, transformadores de carne, talhantes, pessoal do DLS, académicos, investigadores e consumidores	377
Quatro	Fontes anteriores	-	-	-

Seleção da política e dos actos

Para a análise crítica das políticas existentes em matéria de gado e aves de capoeira no Bangladesh, foram escolhidas uma política e duas leis, nomeadamente a lei do abate, a lei dos alimentos para animais e a política de produção de aves de capoeira. Para investigar os diferentes factores das políticas existentes, foram recolhidos dados secundários. A análise SWOT foi efectuada para três políticas.

Análise SWOT

Foi efectuada uma análise SWOT, uma investigação documental e uma discussão em grupo para analisar criticamente a lei relativa ao abate de animais, a lei relativa aos alimentos para animais e as políticas de desenvolvimento das aves de capoeira existentes. Todas estas ferramentas foram utilizadas para uma abordagem de revisão das políticas, tendo em vista uma análise dos pontos fortes, dos pontos fracos, das oportunidades e das ameaças (SWOT) dos actos políticos existentes relacionados com a pecuária. A análise SWOT é uma técnica de análise estratégica amplamente utilizada para obter uma visão geral da situação de qualquer política ou organização (Pearce, 2012). Fornece um quadro lógico que orienta a discussão e a reflexão sobre uma política através dos seus aspectos positivos (pontos fortes e oportunidades) e negativos (pontos fracos e ameaças). Uma análise SWOT (em alternativa, uma matriz SWOT) é um método de planeamento estruturado utilizado para avaliar os pontos fortes, os pontos fracos, as oportunidades e as ameaças de um projeto ou de uma empresa. Uma análise SWOT pode ser efectuada para um produto, um local, uma indústria ou uma pessoa. Envolve a especificação do objetivo da empresa ou do projeto e a identificação dos factores internos e externos que são favoráveis e desfavoráveis à consecução desse objetivo. Alguns autores atribuem a SWOT a Albert Humphrey, que dirigiu uma convenção no Stanford Research Institute (atualmente SRI International) nas décadas de 1960 e 1970, utilizando dados de empresas da Fortune 500 (Humphrey, 2005). No entanto, o próprio Humphrey não reivindica a criação da SWOT e as suas origens permanecem obscuras. O grau de correspondência entre o ambiente interno da empresa e o ambiente externo é expresso pelo conceito de adequação estratégica.

- Pontos fortes: características da empresa ou do projeto que lhe conferem uma vantagem sobre os outros.

- Pontos fracos: características que colocam a empresa ou o projeto em desvantagem em relação a outros.

- Oportunidades: elementos que o projeto pode explorar em seu benefício.

- Ameaças: elementos do ambiente que podem causar problemas à empresa ou ao projeto.

Preparação dos instrumentos de inquérito e pré-teste

O principal instrumento de recolha de dados foram questionários estruturados. Dadas as baixas taxas de alfabetização nos distritos seleccionados, os questionários foram auto-administrados para garantir a obtenção das respostas correctas. Para recolher os dados necessários, foram preparados sete tipos de questionários de acordo com os objectivos estabelecidos para o estudo. Os questionários foram verificados pela equipa de supervisão. Os questionários foram depois pré-testados no terreno junto de algumas partes interessadas antes da recolha final dos dados. Após o pré-teste, os questionários finais foram preparados depois de feitas as correcções, modificações e ajustamentos necessários à luz da experiência adquirida no terreno. Os questionários foram preparados de forma a incluir todos os aspectos da informação associados aos objectivos. A investigação também adopta discussões de grupo de foco, bem como métodos de consulta de peritos (entrevista a informadores-chave) para obter as informações relevantes. Nas discussões dos grupos de foco, o investigador organizou as explorações em grupos onde foram discutidas as várias questões relacionadas com os objectivos da investigação em consulta com os líderes das comunidades. Foram consultadas pessoas com conhecimentos especializados na área da política de pecuária e avicultura para obter informações cruciais sobre as questões em debate.

Recolha e tratamento de dados

A investigação baseia-se tanto em dados primários como secundários. A informação secundária foi obtida a partir de várias publicações, relatórios do DLS, relatórios de inquéritos anteriores, compêndio e documentos do plano estratégico do Ministério da Pecuária e Pescas e relatório do censo de gado e aves de capoeira do BBS. Por outro lado, os dados empíricos primários foram obtidos através de um inquérito por questionário pré-testado junto de diferentes partes interessadas. Os dados foram recolhidos pelos enumeradores formados, incluindo o próprio investigador, através de entrevistas presenciais com os inquiridos seleccionados, utilizando os instrumentos de inquérito sob a supervisão direta da equipa de supervisão. Posteriormente, os dados recolhidos foram editados, processados, resumidos e analisados cuidadosamente.

Distribuição da amostra de diferentes partes interessadas em sete divisões

O total de amostras recolhidas de diferentes partes interessadas é apresentado no quadro 1. Visitámos as divisões de Dhaka, Chittagong, Rajshahi, Khulna, Sylhet, Barisal e Rangpur para recolher dados relativos às três leis/políticas mencionadas, com base num questionário preparado e desenvolvido pelas partes interessadas mencionadas. Os investigadores visitaram 116 agricultores, 64 talhantes, 70 negociantes e distribuidores, 66 transformadores de carne, 39 ULO/VS/PDO, 12 proprietários de fábricas de rações e 10 proprietários de explorações pecuárias (quadro 1), sendo a equipa constituída por estudantes de mestrado e doutoramento e por professores conceituados. Os investigadores deslocaram-se às zonas visitadas de autocarro, GNC e auto-rickshawa. Recolhemos 52 amostras na divisão de Dhaka, 72 em Chittagong, 69 em Rajshahi, 61 em Khulna, 41 em Sylhet, 40 em Barisal e 44 na divisão de Rangpur, tendo em conta que todas as zonas são densamente povoadas por explorações pecuárias, fábricas de rações, incubadoras, matadouros e gabinetes do Governo e da administração pecuária. Foram seleccionadas duas upazilas de cada divisão.

Quadro 3.2 Distribuição das partes interessadas nas diferentes divisões do Bangladesh

Tipo de partes interessadas	Daca	Chittagong	Rajshahi	Khulna	Sylhet	Barisal	Rangpur	Amostra total
Agricultores	10	24	24	21	11	11	15	116
Talhos	9	12	12	7	7	9	8	64
Comerciantes e distribuidores	10	9	15	13	10	7	6	70
Processador de carne	10	10	10	14	7	7	8	66
ULO/VS/PDO	6	12	5	4	4	4	4	39
Proprietários de fábricas de rações	3	2	2	1	1	1	2	12
Proprietários de matrizes/abrigos	4	1	1	1	1	1	1	10
Total	52	70	69	61	41	40	44	377

Análises de dados

Foram utilizadas estatísticas descritivas como a percentagem, a média, as classificações, o gráfico de barras e o gráfico circular para as diferentes variáveis, a fim de descrever a situação atual das diferentes partes interessadas relativamente aos diferentes actos e políticas. Foi utilizada a regressão logística binária para identificar as variáveis que influenciam a lei do abate, a lei da alimentação e a política de desenvolvimento das aves de capoeira. A maior parte destas análises foi efectuada utilizando o pacote estatístico SPSS 20. Foi efectuado um teste Z proporcional a uma amostra para identificar a parte significativa das partes interessadas que têm conhecimento de um ato específico e também para concluir sobre toda a população de partes interessadas com base na amostra recolhida.

CAPÍTULO 4

RESULTADOS E DISCUSSÃO

4.1 Estudo sobre a análise crítica da lei relativa à alimentação animal de 2010

C análise crítica da lei existente relativa à alimentação animal de 2010 foi efectuada através da análise SWOT. Esta lei foi promulgada em 28th de janeiro de 2010. Esta lei dos alimentos para animais incluía 24 secções. Os pontos fortes, os pontos fracos, as oportunidades e as ameaças da lei relativa aos alimentos para animais são apresentados no quadro 4.1.

Quadro 4.1 Resultados da análise SWOT da lei relativa à alimentação animal, 2010

SL. Não.	Força	Fraqueza	Oportunidades	Ameaças
1	A autoridade de controlo dos alimentos para animais está bem definida na secção 3(1-2).	A autoridade de execução não está bem informada.	Verificação de autoridade.	Não cooperação das diferentes partes interessadas.
2	Sem licença, a produção e a transformação de alimentos para animais são proibidas, conforme previsto na secção 4.	As pessoas do sector da alimentação animal podem produzir, comercializar e vender sem licença.	A proporção de titulares de licenças pode ser identificada.	Ameaças de pessoas do sector, humilhações, agressões físicas.
3	A autoridade de licenciamento está bem definida na secção 5.	A fraude e a licença falsa podem ser praticadas	Examinar se a fraude está ou não a ser praticada.	Intimidação criminosa para causar a morte ou lesões graves.
4	O procedimento de concessão da licença está bem definido na secção 6 (1-4) e a renovação é citada na	Pode haver um vício processual.	Descobrir o defeito do procedimento de concessão de licenças.	A pressão pode criar ilegalmente uma licença para a

	secção 7 (1-4). A taxa de licença e a renovação constam da secção 8.			autoridade que a concede.
5	Cancelamento da licença e ordem de suspensão indicados na secção 9 (1-3)-	Falta de empenhamento, honestidade e sinceridade.	Para identificar os culpados.	Possibilidade de ser agredido.
6.	Normas de alimentação e qualidade dos ingredientes dos alimentos apresentados na secção 10(1-2).	Podem ser utilizados alimentos adulterados, poluídos, com fungos e com prazo de validade expirado.	Verificar a utilização das normas de alimentação e medir a qualidade dos ingredientes dos alimentos para animais.	Não funcionamento, sem entrada para verificação.
7.	Assegurar a qualidade dos alimentos para animais referidos na secção 11 (1-3).	Os ingredientes importados de baixa qualidade para a alimentação animal podem ter.	Para garantir a qualidade dos ingredientes importados ou locais.	Resistência para confiscar os alimentos de baixa qualidade importados.
8.	Proibição da produção, importação, exportação, venda, transporte e comercialização de alimentos para animais nocivos e adulterados, tal como estipulado na secção 12(1-3).	Ilegal, radioativo, venenoso, irrelevante para a alimentação normalizada.	Descobrir a irrelevância da alimentação normalizada e da alimentação sem radioatividade.	Não cooperação da autoridade portuária e de outros intervenientes.
9.	Embalagem e rotulagem de alimentos para animais definidos na	Alimentos para animais com prazo de validade,	Para saber se os alimentos para animais são mantidos em	Não cooperação e ameaças dos comerciantes, distribuidores e

	secção 13 (1-8).	deterioração do teor de nutrientes, fraude.	condições de qualidade ou não.	proprietários de fábricas de rações.
10.	Antibiótico, hormona de crescimento, esteróides e inseticida utilizados na alimentação animal proibidos na secção 14(1-2).	Pode ocultar as informações reais sobre os locais de produção e de transformação.	Verificar se estão ou não a utilizar produtos químicos proibidos nos alimentos para animais.	Ocultar o facto real, falta de instalações laboratoriais para examinar.
11.	O acesso à indústria dos alimentos para animais e a outros locais pela autoridade DLS é indicado na secção 15.	Pode ocultar informações sobre produtos para alimentação animal, locais de transformação, armazenamento e centro de venda.	Inspecionar os locais de armazenagem, de transformação, de transporte e os documentos relativos à qualidade.	para resistir à inspeção por parte de malfeitores e de homens do partido no poder.
12.	Confisco e destruição de alimentos para animais nocivos e adulterados estipulados na secção 16(1-3).	Alimentos não saudáveis, poluídos, podres e adulterados podem ter um efeito negativo na saúde pública e no ambiente.	Confiscar materiais e equipamentos de utilização duvidosa e destruir alimentos nocivos e adulterados para animais.	Criaria pressão por parte da indústria para não confiscar e destruir alimentos podres e poluídos.
13.	Cometimento de infração pela empresa de alimentos para animais mencionada na secção 17.	Oportunidade de repetir a infração.	Descobrir o culpado em relação à indústria de alimentos para animais.	O infrator pode ser louco.
14.	Acusação e conhecimento para julgamento e aplicação da justiça, nos termos da secção	A justiça extrajudicial pode ser aplicada.	Justiça apressada, justiça enterrada. O sistema judicial corrupto pode ser alterado. O poder	Os quadros administrativos da BCS podem começar a movimentar-se.

	18 (1-2).		da magistratura judicial pode ser aplicado em substituição do atual magistrado executivo.	
15.	Infração reconhecível e passível de fiança descrita na secção 19.	O criminoso pode ser encorajado a cometer crimes repetidamente depois de ter sido libertado sob fiança.	Apresentar ao Parlamento o projeto de lei sobre a infração, tornando-a cognoscível e não passível de caução.	Os comerciantes desonestos podem resistir à aprovação do projeto de lei no Parlamento.
16.	Menção da frase na secção 20.	A pena mínima e a coima podem incentivar o crime relacionado com a alimentação animal.	A pena de morte ou de prisão perpétua pode ser incluída no código do júri.	Os comerciantes sem escrúpulos podem protestar contra a condenação à morte e à prisão perpétua.
17.	Poderes especiais do Magistrado na aplicação de coimas previstos na secção 21	O poder discricionário não judicial pode ser praticado e	Examinar o poder discricionário na aplicação do	O Magistrado Executivo pode deslocar-se.
18.	Poder de formulação da disposição constante da secção 22.	A maioria dos deputados, que são empresários, não é capaz de compreender a formulação desta lei.	O especialista em pecuária pode ser eleito deputado e ministro.	Os comerciantes não chegam a acordo.
19.	Disposição especial relativa ao funcionário da portaria mencionada	O criminoso pode fugir depois de cometer um crime devido à oportunidade que	É possível detetar a caducidade da lei necessária, acrescentar, adicionar,	Interferência de um oportunista na tomada de medidas.

na secção 24 (1-2).	a lei lhe oferece.	substituir e alterar.	

4.1.1 Resultado da análise SWOT da lei relativa aos alimentos para animais de 2010

A autoridade de controlo dos alimentos para animais não está a funcionar corretamente ao nível das diferentes partes interessadas, embora esteja bem definida na lei. Não são muito responsáveis perante as partes interessadas e também não estão orientadas para o terreno. Devem ser controladas por uma célula de controlo que pode ser constituída por académicos, investigadores e pessoas com experiência política. O DLS deve desempenhar um papel importante na coordenação para a aplicação da lei. A alegação de que alguém do DLS vem frequentemente à fábrica de rações e regressa com suborno é um boato. Fazem-no para evitar o assédio da autoridade, de modo a poderem exercer a sua atividade sem problemas. A autoridade que concede a licença e a sua função são citadas na lei. As pessoas designadas pela autoridade devem verificar se os titulares de licenças falsas estão ou não a exercer a sua atividade. A qualidade dos ingredientes dos alimentos para animais e as normas de alimentação são apresentadas para impedir a adulteração, que não é de todo mantida na perspetiva da produção de alimentos seguros. O Governo não proíbe a importação de ingredientes para a alimentação animal que se revelam nocivos em termos de veneno, radioatividade e halal. Os alimentos para animais com prazo de validade expirado devem ser objeto de uma ação judicial para evitar a deterioração do teor de nutrientes. Os antibióticos, os esteróides, as hormonas de crescimento e os insecticidas deveriam ser proibidos, mas são utilizados a um ritmo alarmante. O acesso à indústria dos alimentos para animais e a outros locais por parte de pessoas ligadas ao DLS é mencionado na lei para ocultar a imagem exacta da indústria dos alimentos para animais e garantir a segurança na preparação de alimentos de qualidade. O confisco e a destruição de alimentos nocivos adulterados devem ser um programa contínuo para evitar riscos à saúde humana. Uma vez que a lei atribui poderes de magistratura para desencorajar os infractores a cometerem crimes, de modo a evitar a adulteração, estes ainda não foram exercidos na avaliação dos alimentos para animais. O poder de magistratura deve ser entregue aos oficiais de pecuária/nutricionistas, uma vez que estes são tecnicamente mais sólidos na aplicação da lei do que os actuais magistrados executivos. Antes de mais, é suficiente dar-lhes formação em conformidade com o Código de Processo Penal, as regras e as disposições. É igualmente necessária uma autoridade de certificação dos alimentos para animais no Bangladesh. O governo popular criará também um ambiente jurídico amigável que permita aos membros da associação exercerem a sua atividade e oferecer aos consultores uma delegação clara das suas funções no desenvolvimento do sector (PNL, 2006-2016).

4.2 Estudo sobre a análise SWOT da lei relativa ao abate de animais, 2011

A lei relativa ao abate de animais e ao controlo da qualidade da carne de 2011 foi promulgada com o número 16 e entrou em vigor em 20 de setembro de 2011. Para garantir ao público a qualidade da carne, esta lei inclui 28 secções. Os pontos fortes, os pontos fracos, as oportunidades e as ameaças da lei relativa ao abate de animais são apresentados no quadro 4.2.

Quadro 4.2 Resultado da análise SWOT da lei relativa ao abate de animais de 2011

SL. Não.	Força	Fraqueza	Oportunidades	Ameaças
1	Restrição do abate fora do matadouro definido na secção 3 (1-2)-	Os talhantes estão a abater animais fora do matadouro.	Para verificar se o animal está a ser abatido no exterior ou não.	Não cooperação dos talhantes e dos inspectores de carne.
2	O abate de animais sujeitos a restrições é proibido nos termos da secção 4(1-2).	Os animais grávidas, lactantes e de idade inferior podem ser abatidos.	O Governo pode acrescentar uma disposição para proibir o abate de animais sujeitos a restrições. Identificado.	Ameaças de fornecedores de animais, talhantes, etc.
3	O exame da saúde antes e depois do abate do animal e da carcaça está bem definido na secção 5 (1-2)-	Ausência de pré-abate e pós-abate do animal e da carcaça.	O defeito da prestação pode ser detectado	Não cooperação do veterinário corrupto e de outras partes interessadas.
4	Ambiente do matadouro na secção 6.	Falta de ambiente higiénico e de qualidade do matadouro.	Para descobrir o matadouro de defeitos.	A pressão pode ser criada ilegalmente pelos comerciantes.
5	A criação de um matadouro e de uma unidade de venda e transformação de	Não segue as disposições da lei. Falta de controlo.	Conhecer a disposição devidamente aplicada na	Não cooperação e desincentivo à aplicação da disposição da

	carne é apresentada na secção 7.		criação.	DLS.
6.	A licença para matadouros e instalações de venda e transformação de carne é dada na secção 8 (1-2).	Sem titulares de licenças, pode ser praticado.	Verificar se os intervenientes no sector da carne são ou não titulares de uma licença.	Humilhações e agressões físicas.
7.	Processo de licenciamento indicado na secção 9(1)-	Pode haver fraude.	Constatar defeitos no processo de pedido de licenciamento.	Não cooperação da autoridade.
8.	Período e renovação da licença estipulados na secção 10(1-3).	O período de licença é muito reduzido.	Para saber se o pedido foi apresentado após a cessação da licença ou 60 dias antes da cessação.	Não cooperação e pedido de suborno.
9.	Licença retida e anulação definidas na secção 11.	Condição defeituosa no processamento do licenciamento.	Verificar se os titulares da carta de condução foram condenados por qualquer infração ou violaram qualquer condição.	O infrator pode atacar a autoridade.
10.	Poderes de entrada e inspeção previstos na secção 12(1-2).	Disposição ou ato não formulado na aplicação do espírito judicial.	Verificar a irrelevância da disposição do ato para a criação de instalações relacionadas com matadouros.	Obstáculo e confinamento.
11.	O estado de saúde dos empregados que trabalham em matadouros,	O trabalhador infetado sem tratamento médico pode praticar.	Se o trabalhador está infetado ou livre de doença contagiosa.	Pode haver propagação de doenças contagiosas.

	centros de transformação e venda de carne é apresentado na secção 13.			
12.	Transporte de animais, carne e produtos à base de carne estipulado na secção 14(1-2).	Falta de disposições adequadas.	Verificar se as disposições estão a ser respeitadas no transporte.	As ameaças podem vir dos interessados em confiscar, dispor e destruir.
13.	Dia de restrição para o abate e a venda mencionados na secção 15.	Não emissão atempada de uma notificação pública.	Para conhecer o dia de restrição seguido pelos talhantes.	As agressões físicas ou os ferimentos podem ser provocados pelos talhantes.
14.	Abate de emergência referido na secção 16.	O animal doente pode ser abatido.	Examinar a saúde dos animais antes do abate.	A autoridade pode ser corrompida.
15.	Declaração relativa à carne não comestível referida na secção 17.	Pode ter carne não comestível para comer inteira ou parte da carcaça.	Examinar a totalidade ou parte da carcaça como comestível ou não comestível.	Sem o exame da carcaça, a carne não comestível pode entrar na cadeia alimentar.
16.	Direção da destruição ou eliminação da parte não comestível da totalidade ou de parte da carcaça e das miudezas explicada na secção 18.	A parte não comestível da carcaça inteira ou de parte da carcaça e as miudezas podem ser comestíveis.	Se a parte não comestível de toda ou parte da carcaça e das miudezas é eliminada ou destruída.	As doenças podem ser propagadas.
17.	Direção para enviar a amostra no	O teste laboratorial pode não ser	Para verificar se a amostra	O teste pode ser efectuado em falso
18.	Eliminação dos	Poderá ser	Se os resíduos são	O ambiente

	resíduos de abate referidos na secção 20.	formulada uma disposição irrelevante.	eliminados de acordo com as disposições.	pode estar poluído.
19.	Normalização mencionada na secção 24 (1-2).	Pode ter um efeito residual de hormonas, antibióticos, conservantes, metais venenosos e organismos nocivos na carne.	Quer a carne segura esteja a ser vendida ou não...	A exportação de couros, peles e carne pode ser difícil e questionável...
20.	Apreensão e eliminação da carne e dos produtos à base de carne referidos na secção 22.	Talvez não pratique.	Explorar a apreensão e a eliminação da carne e dos produtos à base de carne em conformidade.	As autoridades assustar-se-ão e executarão o poder.
21.	Infração e julgamento referidos na secção 23 (1-2)-	Falta de solidez da prática dos tribunais móveis.	Mobile court act 2009 quer esteja a ser praticado honestamente ou não.	O magistrado executivo pode trabalhar para o Governo.
22.	Sanção prevista na secção 24 (1-2).	Os criminosos podem fugir.	As penas devem ser agravadas.	O criminoso pode cometer a infração repetidamente.
23.	Recurso previsto na secção 25.	Os criminosos podem ser absolvidos.	Aumentar a pena e a coima.	A lei do abate pode não ser eficaz devido à falta de punição.
24.	Entrega de energia explicada na secção 26.	Profissionais da produção animal evitados neste ato.	Trazer de volta o licenciado em AH para efeitos de qualidade e controlo da carne.	O conselho veterinário e o veterinário são totalmente contra o recrutamento de licenciados em

				medicina veterinária.
25.	Poder de formulação de	Ditador não eleito e	Governo pró-popular pode promulgar	Repressão, opressão, morte
26.	Proibir e apoiar o ato mencionado na secção 28 (1-2).	caducidade e lacunas do ato em vigor.	A última lei sobre o abate de animais está ou não actualizada.	Govt, talvez não esteja interessado.

4.2.1 Resultados da análise SWOT da lei relativa ao abate de animais de 2011

O abate sem matadouro é estritamente limitado. Não é permitido o abate de animais grávidas, lactantes ou de idade inferior. O exame do estado de saúde dos animais antes e depois do abate, os matadouros respeitadores do ambiente e as instalações de transformação e venda de carne deveriam ser acompanhados pelas disposições da lei do abate, mas não o são. Existem matadouros indiscriminados em todo o país. O fornecimento de licenças, o processamento, o período de licença, a retenção e a anulação da licença estão claramente descritos na lei. No entanto, não é de todo eficaz. A lei relativa aos matadouros prevê o poder de inspeção à entrada, mas este não está a ser aplicado. O estado de saúde dos empregados que trabalham em matadouros, centros de transformação e venda de carne deve estar isento de qualquer tipo de doença contagiosa e infecciosa. Esta medida tem de ser posta em prática. O transporte de animais, carne e produtos à base de carne deve ser efectuado à luz das disposições da lei. O dia de restrição para o abate e a venda, mencionado na lei, foi respeitado. O abate deve ser evitado no caso de animais doentes. A declaração de carnes não comestíveis prevista na lei não tem qualquer função, uma vez que estas devem ser destruídas ou eliminadas de acordo com a lei. O envio de uma amostra de carne duvidosa para um laboratório é indicado na lei para a realização de testes laboratoriais. Mas nenhuma autoridade competente está a trabalhar nesse sentido. A eliminação dos resíduos do abate, a normalização dos couros, da pele e da carne são mencionados na lei. A apreensão e a eliminação da carne e dos produtos à base de carne devem ser efectuadas sempre que necessário. O tribunal móvel deve punir os infractores que cometeram a infração relacionada com a violação da lei do abate. Mas não é gerido pela autoridade. As sanções previstas na lei devem ser aumentadas e executadas. A Lei sobre o Abate de Animais do Punjab (1963) estabelece que um veterinário ou um oficial do quadro de pessoal que prenda ou mande prender qualquer pessoa, ou apreenda ou mande apreender qualquer animal, carcaça ou carne, deve: *a)* sem demora desnecessária, e sujeito às disposições da alínea b) e da alínea c) relativas à libertação sob caução levar ou enviar a pessoa detida ou a carcaça do animal ou a carne apreendida ao agente de polícia, juntamente com um relatório escrito que indique os factos constitutivos da infração pela qual essa pessoa foi detida ou esse animal, carcaça ou carne foi apreendido. Não existe uma base de dados e os dados disponíveis são incoerentes. Basicamente, a previsão da política pecuária depende da exatidão dos dados relativos às variáveis em causa. As bases de dados no nosso país devem ser bem organizadas para que os modelos de previsão obtenham os melhores resultados (Hossain e Hassan 2013).

4.3 Estudo sobre a análise SWOT da política de desenvolvimento da avicultura, 2008

A política de desenvolvimento das aves de capoeira foi formulada em 2008 para satisfazer a procura de proteínas animais, criar emprego na secção das aves de capoeira, desenvolver meios de subsistência para as pessoas pobres, conservar a biodiversidade, desenvolver raças e conservar o pólo genético das aves de capoeira de quintal, criar mercados, prestar serviços de saúde e criar mão de obra qualificada. É altamente necessário como condição prévia para o desenvolvimento de uma avicultura favorável no país. Esta política inclui dez artigos. Os pontos fortes, fracos, oportunidades e ameaças da política de desenvolvimento avícola são apresentados no Quadro 4.3.

Quadro 4.3 Resultados da análise SWOT da política de desenvolvimento da avicultura, 2008

SL. Não.	Força	Fraqueza	Oportunidades	Ameaças
1	O âmbito e os domínios da política de desenvolvimento das aves de capoeira estão bem definidos no artigo 4.	Escrito em papel, mas pode não ser praticado.	Para explorar áreas e âmbitos não ocultos.	Não cooperação das diferentes partes interessadas.
2	A estratégia de aplicação da política avícola é mencionada no artigo 6.	Falta de um plano de trabalho para a aplicação das políticas.	As diferentes partes interessadas poderão ter conhecimento da estratégia da Govt.	Os proprietários de estabelecimentos comerciais, de criadores e de incubadoras constituem o principal obstáculo à sua aplicação

3	A criação familiar de aves de capoeira é mencionada no artigo 6.1.2	Falta de mão de obra qualificada, de vacinação e de serviços de extensão e de serviços de pecuária eletrónica.	Conservação dos recursos genéticos das aves de capoeira autóctones.	Não cooperação do Governo, dos funcionários e de outras partes interessadas.
4	A produção e importação de alimentos para aves de capoeira é apresentada no artigo 6.2.	Pode haver falta de controlo e de regulamentação por parte das autoridades.	Estarão disponíveis informações sobre a base de dados dos alimentos para animais.	A ameaça pode vir do proprietário da fábrica de rações.
5	Desenvolvimento do espírito empresarial referido no artigo 7.	Falta de subsídios, de controlo e de avaliação.	A segurança nutricional e o mercado externo poderiam ser explorados.	Falta de iniciativas e de visão do Governo.
6.	A extensão, o tratamento e o controlo das doenças, o desenvolvimento dos recursos humanos e o desenvolvimento institucional são mencionados no artigo 8º.	Falta de actividades de extensão, de instalações de tratamento, de recursos humanos e de actividades de desenvolvimento.	A produção e as oportunidades de emprego poderão ter aumentado.	Não cooperação do pessoal do Ministério e da DLS.
7.	Controlo da qualidade dos pintos, dos alimentos, das vacinas e dos medicamentos mencionados em 9.	Falta de execução das disposições e leis em conformidade.	Produzir pintos de qualidade, alimentos para animais, vacinas e medicamentos.	Obstáculos de diferentes partes interessadas.

8.	Diversos (lei das doenças animais de 2005, decreto relativo aos alimentos para animais) mencionados em 10.	Não atualizado periodicamente.	A produção de carne e de ovos de qualidade seria assegurada.	Aplicação incorrecta da lei e da ordem.

4.3.1 Resultados da análise SWOT da política de desenvolvimento avícola de 2008

O âmbito e os domínios das políticas de desenvolvimento das aves de capoeira estão bem definidos. Os domínios não abrangidos devem ser explorados. A política de desenvolvimento das aves de capoeira foi formulada, mas ainda não foi implementada no terreno, pelo que deveria ser implementada em prol de uma produção óptima e de alimentos seguros. A política inclui palavras específicas para a manutenção da biossegurança. A distância de GP a GP e de PS a PS é claramente mencionada na política aquando da instalação da exploração agrícola com a autorização da DLS. No entanto, não é respeitada em todas as explorações. A criação familiar de aves de capoeira é mencionada na política. Ainda não foi iniciado nenhum programa de sensibilização para a criação familiar de aves de capoeira relativamente ao surto desta doença. A criação combinada de patos e aves de capoeira é claramente desencorajada na lei para controlar doenças como a gripe aviária. O programa a longo prazo para o controlo da gripe aviária, a ajuda a nível regional e internacional para o controlo de doenças transfronteiriças, a importação de pintos isentos de gripe aviária, tudo isto está indicado na política, mas não está a ser mantido ao nível esperado.

A conservação das potencialidades genéticas das galinhas autóctones deveria ser incentivada para promover a produção, tal como referido na política, mas não é praticada. A produção e a importação de alimentos para aves de capoeira referidas na política, no caso da importação de ingredientes para a alimentação animal, como o concentrado proteico preparado com farinha de carne e ossos, deve ser apresentada uma certificação da autoridade veterinária dos países exportadores, de modo a garantir que não estão infectados pela encefalopatia espongiforme transmissível, que é muito perigosa para a saúde pública. No entanto, tal não está a ser praticado. A importação de farinha de carne e ossos de suínos está sujeita a restrições, mas não é controlada. A nível da investigação, é incentivada a utilização de ingredientes não convencionais no fabrico de alimentos para aves de capoeira. A política não menciona os resíduos de curtumes que são utilizados nos alimentos para aves de capoeira como concentrado proteico. No entanto, é amplamente divulgado nos meios de comunicação electrónicos que os fabricantes de alimentos para animais estão a utilizá-los desesperadamente, sem se preocuparem com os riscos para a saúde. A importação de sementes de soja e a criação de uma fábrica de extração de óleo de soja são mencionadas na política para a disponibilidade de farinha de soja. Mas isso não é visto nem praticado de todo no nosso país. Para aumentar a produção, a conservação e a transformação do milho e da soja, o Governo prestará cooperação aos empresários. O diretor da Agril. Extension, juntamente com outras autoridades competentes, deverá avançar para a execução do plano acima referido. Mas ainda não foi tomada qualquer iniciativa. No caso do desenvolvimento empresarial, a indústria avícola foi tratada como agricultura animal na política e nela foram mencionados todos os tipos de facilidades, como as da agricultura. Mas o sector pecuário está mais atrasado do que o sector agrícola. Deveria ser concedido um subsídio para a eletricidade aos empresários do sector avícola, mas tal não é tido em conta. Para reduzir a interferência dos intermediários, o Governo criará um mercado de aves de capoeira saudável, integrado no mercado agrícola, mas não o faz. Para o desenvolvimento do sistema de comercialização, todas as dificuldades relacionadas com o mercado terão de ser identificadas e resolvidas por iniciativa do Governo. O nosso sistema de comercialização é muito deficiente. Os agricultores não estão a receber um preço justo pelo seu produto devido à falta de serviços de apoio à comercialização de aves de capoeira. A formação de sociedades cooperativas foi encorajada na política avícola, mas deveria ter sido. A orientação para a criação de uma unidade de transformação de aves de capoeira, referida na política, é totalmente ignorada. Os meios de comunicação social electrónicos e impressos deveriam apresentar-se às pessoas para popularizar as aves de capoeira como o melhor produto de consumo. Neste caso, são bem sucedidos. Porque hoje em dia é um artigo muito procurado, quer se trate de carne pronta a cozinhar ou pronta a comer. Os agricultores deveriam receber formação técnica para se prepararem para ter um pinto de boa qualidade. Mas o Governo não está a tomar quaisquer iniciativas a este respeito. Ao conceder licenças comerciais para centros de venda de produtos avícolas e para a indústria de rações, no caso da City Corporation e da sua periferia, deve ser mantido o parecer do veterinário e da ULO e o certificado de saúde. No entanto, a tomada de conhecimento não é satisfatória. Durante o surto de doenças, a venda de frangos de carne preparados foi incentivada em vez da venda de aves vivas, mas não foi de todo implementada. A fim de estabelecer a indústria avícola como uma atividade competitiva, a política menciona a redução dos direitos de importação e do imposto sobre o valor acrescentado. No que diz respeito à importação de matérias-primas para medicamentos, artigos de maquinaria para a indústria avícola e materiais de fornecimento de nutrientes para a indústria avícola, transformação e exportação de aves de capoeira e produtos avícolas, o Governo utilizará a missão do Bangladeche em diferentes países para descobrir o mercado. Mas isso não se concretizou. O estrume das aves de capoeira será utilizado como um produto saudável e polivalente, tendo em conta a proteção do ambiente. A formação dos agricultores e dos trabalhadores agrícolas será ministrada através de um instituto de formação em matéria de pecuária e de um instituto de formação veterinária, que foi incluído na política, mas que não está a funcionar eficazmente. O controlo da qualidade dos alimentos para animais, dos pintos, dos medicamentos e das vacinas é mencionado na política. Os pintos de categoria A e B com características adequadas estão incluídos na política, mas as autoridades não o fazem. No momento da entrega dos pintos, o proprietário da incubadora deve ter administrado a vacina, mas a DLS não está a cumprir o seu dever. O Governo desempenhará um papel importante para que o produtor possa cumprir as condições do HACCP e do SPS, mas está a evitá-lo. Para exportar aves de capoeira biológicas e ovos com baixo teor de colesterol para manter as normas internacionais, a DLS desempenhará um papel significativo em matéria de certificação e quarentena no que diz respeito à exportação e à importação, mas não é de todo visível.

As actividades de extensão, como a observação da semana das aves de capoeira por ano e a exposição de explorações-modelo em zonas de hotspots avícolas, são mencionadas na política, mas o Governo não está a tomar qualquer medida a este respeito. Para garantir a qualidade e a vacinação, o diagnóstico de doenças, a notificação e a vigilância a nível governamental e privado, o BLRI tem sido destacado para estabelecer um laboratório de investigação que está incluído na política. Mas não estão a verificar o quadro exato dos medicamentos e vacinas de baixa qualidade que estão a ser mobilizados no mercado.

4.4 Informações sobre os agricultores da amostra

Safalaoh e Chapotera (2006) afirmaram que a ausência de dados de base para ancorar recomendações ou estratégias de desenvolvimento torna as intervenções do sector público e/ou privado extremamente difíceis. A informação em relação à idade, sexo e educação dos agricultores é apresentada no Quadro 4.4. A idade dos agricultores variava entre os 16 e os 89 anos. A idade média dos agricultores era de 42 anos. Dos 100% de agricultores, 98% eram homens e 2% mulheres (Figura 4.1). A educação é uma necessidade para que os agricultores estejam conscientes das políticas de pecuária. Através da recolha de dados, o presente estudo constatou que os agricultores não estão muito conscientes das políticas devido à falta de educação adequada. As mulheres têm sido empoderadas internacionalmente no que respeita à obtenção de direitos e privilégios, mas aqui o número de agricultoras é muito reduzido. Por isso, o Governo deve avançar para as envolver na criação de gado com uma educação adequada.

Quadro 4.4 Distribuição etária dos inquiridos das diferentes partes interessadas

Particularidades	Idade		
	Média	Mínimo	Máximo

Agricultores	41	18	75
Talhos	38	16	89
Comerciantes e distribuidores	40	23	80
Processador de carne	38	16	70
ULO/VS/PDO	41	27	56
Proprietários de fábricas de rações	48	45	73
Proprietários de matrizes e incubadoras	50	35	75
Todas as médias	**42**	**26**	**74**

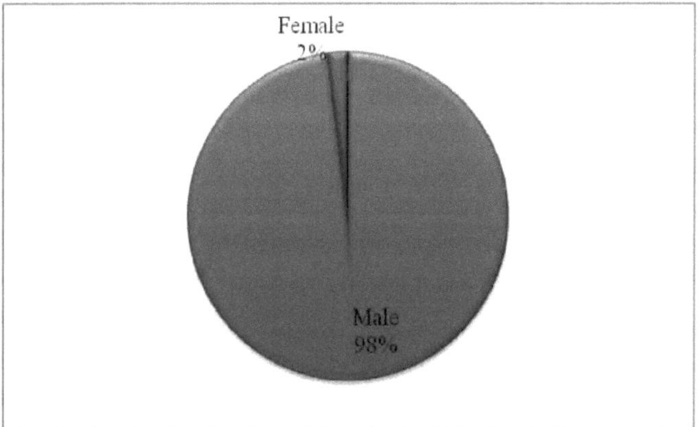

Figura 4.1 Percentagem de homens e mulheres envolvidos no sistema agrícola.

4.4.1 Tipos de explorações agrícolas e número de existências agrícolas

Os tipos de criação e o número de diferentes animais e aves de capoeira são apresentados no Quadro 4.5. No caso das galinhas, entre 68 agricultores, o número de galinhas variava entre 250 e 20000. Entre quatro explorações de patos, a população de patos variava entre 10 e 30. Entre as 60 explorações de criação de gado, a população variava entre 1 e 60. A maioria das espécies de patos e de gado eram de origem indígena, porque estão muito mais adaptadas ao nosso clima. Em vez da agricultura familiar que existia no passado, os agricultores estão a mudar para a agricultura comercial. Esta transição de uma agricultura atrasada para uma agricultura comercial deve-se ao facto de se preencher a necessidade existente e a lacuna de fornecimento de ovos e carne de aves de capoeira. Os dados revelam que 89% dos agricultores criam gado indígena e apenas 11% criam gado cruzado para fins de produção de leite e carne. O nosso gado indígena tem uma produtividade muito baixa em termos de leite e de carne. É por isso que o Bangladesh tem de importar leite e natas do estrangeiro todos os anos, gastando uma enorme quantidade de divisas em 2221 milhões de dólares (GAIN, 2013). O Governo deve incentivar a criação de mais gado cruzado para satisfazer a procura de leite e carne para um desenvolvimento sustentável. Devido à falta de experiência agrícola, alguns agricultores estão a ter prejuízos. Quanto mais experiência tiverem, mais beneficiam da agricultura. Também precisam de receber mais formação sobre criação, cultivo de forragens, desparasitação, vacinação, armazenamento de leite e comercialização. A idade média de escolaridade foi de 9 anos (Quadro 4.5), o que indica um nível de escolaridade mais baixo em todos os sistemas agrícolas. O intervalo de anos de escolaridade foi de quatro a 15. A média de membros da família era de cinco (Tabela 4.5). O tamanho dos membros da família variava entre três e nove. Os talhantes tinham a família mais numerosa, com 12 membros. O número mais baixo de membros da família foi observado no caso dos agricultores, comerciantes e distribuidores e ULO/VS/PDO, ou seja, dois membros. Este número mínimo pode dever-se à sua educação, consciência e previsão dos seus filhos. A experiência agrícola média foi de 12 anos (Quadro 4.5). A variação foi de três a 23 anos. A experiência profissional máxima foi registada no caso dos agricultores e dos ULO/VS/PD. Para se tornar ULO foi necessário muito mais tempo do que para se tornar UNO. Este facto gera insatisfação profissional entre os funcionários do quadro dos efectivos pecuários. No caso dos agricultores, não há alternativa para abandonar as suas profissões, porque obtiveram crédito de comerciantes e distribuidores. Têm de suportar um período mais longo para reembolsar o montante do crédito que obtiveram dos comerciantes e distribuidores. É assim que se tornam mais perdedores. A experiência mais baixa foi registada no caso dos agricultores e dos VS, o que pode dever-se ao facto de terem iniciado a sua profissão/trabalho recentemente. No caso dos agricultores do Gov., o registo foi de 36%, enquanto que no caso do proprietário da incubadora e do proprietário da fábrica de rações foi de 100% (Quadro 4.6). O maior número de agricultores não registados foi encontrado no caso dos agricultores familiares, que era de 64%. Nas três políticas mencionadas, deveria haver registo em cada tipo de negócio de gado e aves de capoeira. Os agricultores sofrem sempre grandes perdas com a agricultura, razão pela qual estão relutantes em obter o registo do Governo. O risco e a incerteza são factos bastante comuns na atividade avícola. Num país em desenvolvimento como o Bangladesh, onde a maioria da população se encontra abaixo do nível de pobreza, os avicultores enfrentam vários constrangimentos, como a falta de capital, conhecimentos inadequados sobre a criação de aves de capoeira, surtos de doenças, disponibilidade inadequada de factores de produção, crédito institucional inadequado, mercados garantidos e rentáveis para a produção, etc. (Begum, 2006).

O rendimento médio anual das explorações era de BDT. 234324 (Quadro 4.7). O rendimento anual mais elevado foi registado no caso dos transformadores de carne e o mais baixo no caso dos agricultores. Não há estabilidade do preço de mercado dos frangos vivos e dos ovos de mesa. Por outro lado, os custos de produção estão a aumentar de dia para dia. A transformação da criação em quintal para a criação comercial não se deveu apenas ao progresso tecnológico ou à política de desenvolvimento do sector, mas também a inovações institucionais no fornecimento de factores de produção e na comercialização dos produtos. A expansão do sector avícola comercial resultou numa descida dos preços reais dos produtos avícolas e, consequentemente, o consumo aumentou (Begum et al. 2011). Mas o sistema de comercialização dos produtos avícolas ainda não está bem organizado. O preço dos alimentos para animais está a aumentar tremendamente e o preço dos pintos também flutua. Um dos principais problemas do desenvolvimento do subsector das aves de capoeira no Bangladesh está relacionado com a falta de alimentos suficientes e adequados (Mitchell, 1997). Os proprietários das incubadoras fixam o preço dos DOC de forma independente, mas têm em conta a reação dos concorrentes no mercado. O preço dos DOC varia de mês para mês, por exemplo, em 2010, o preço dos DOC para frangos de carne variou entre 18 e 75 Taka, e o dos DOC para galinhas poedeiras variou entre 12 e 75 Taka (Chowdhury, 2011). Não há negociação entre o comprador e o vendedor de DOC em nenhum ponto da cadeia de abastecimento, tratando-se basicamente de um mercado orientado para a oferta. Todas as oportunidades vão para os proprietários das fábricas de rações e dos centros de incubação. Com base no estudo, conclui-se que existe no nosso país um sistema económico capitalista, através do qual os ricos se tornam cada vez mais ricos e os pobres cada vez mais pobres. Consequentemente, nas zonas rurais, as oportunidades de emprego para os agricultores não estão a aumentar muito. A produção agrícola e a rendibilidade das explorações agrícolas estão a aumentar, como se pode ver nas figuras 4.2 e 4.3. A eficiência da produção agrícola aumenta quando a dimensão da exploração aumenta devido a um menor custo de mão de obra, medicamentos, vacinas e suplementos vitamínicos provenientes diretamente da empresa à taxa de revendedor e distribuidor. Em suma, o sistema é mantido quando o tamanho do rebanho aumenta. Comparativamente, os agricultores de grande dimensão preparam a sua própria ração, recolhendo matérias-primas como milho, trigo, farelo de arroz, concentrado proteico como farinha de peixe e farinha de carne e ossos. Adquirem os pintos das incubadoras a um preço mais baixo, pagando em dinheiro. Podem vender as aves vivas e os ovos diretamente a Aratdar. Como resultado, a rentabilidade da exploração está a aumentar. As conclusões de Rana et al., 2012 revelaram que a produção de frangos de carne é uma empresa rentável no Bangladesh.

Quadro 4.5 Informações socioeconómicas das diferentes partes interessadas

Particularidades	Tamanho da família		
	Média	Mínimo	Máximo
Tipos de agricultura			
Galinha	2497	250	20000
Patos	9	10	30
Pecuária	13	1	60
Ano de escolaridade do inquirido			
Agricultores	6	0	16
Talhos	5	0	12
Comerciantes e distribuidores	9	0	16
Processador de carne	4	0	14
ULO/VS/PDO	-	-	-
Proprietários de fábricas de rações	14	12	16
Proprietários de matrizes e incubadoras	14	12	16
Todas as médias	**9**	**4**	**15**
Dimensão do agregado familiar do inquirido			
Agricultores	5	2	11
Talhos	5.75	3	12
Comerciantes e distribuidores	5.80	2	10
Processador de carne	5.96	3	10
ULO/VS/PDO	4.38	2	8
Proprietários de fábricas de rações	4.50	3	6
Proprietários de matrizes e incubadoras	5	3	7
Todas as médias	**5**	**3**	**9**

Quadro 4.6 Experiência profissional ou agrícola

Particularidades	Ano de experiência		
	Média	Mínimo	Máximo
Agricultores	10	1	30
Talhos	12	2	21
Comerciantes e distribuidores	11	5	16
Processador de carne	15	1	23

ULO/VS/PDO	11	1	30
Proprietários de fábricas de rações	12	5	20
Proprietários de matrizes e incubadoras	14	6	22
Todas as médias	**12**	**3**	**23**

Quadro 4.7 Registo/licença governamental da exploração agrícola ou da empresa

Partes interessadas	Registado		Não registado		Total	
	Frequência	Percentagem	Frequência	Percentagem	Frequência	Percentagem
Agricultores	42	36	74	64	116	100
Talhos	49	77	15	23	64	100
Comerciantes e distribuidores	60	86	10	14	70	100
Processador de carne	54	82	12	18	66	100
ULO/VS/PDO	-	-	-			
Proprietários de fábricas de rações	12	100	-	-	12	100
Proprietários de matrizes e incubadoras	10	100	-	-	10	100

Quadro 4.8 Rendimento anual das partes interessadas dos agregados familiares inquiridos

Partes interessadas	Rendimento anual		
	Média	Mínimo	Máximo
Agricultores	117383	48000	240000
Talhos	187350	86400	432000
Comerciantes e distribuidores	219471	110000	480000
Processador de carne	175727	110000	720000
ULO/VS/PDO	414256	240000	550000
Proprietários de fábricas de rações	255583	175000	320000

Proprietários de matrizes e incubadoras	270500	190000	340000
Todas as médias	**234324**	**137057**	**440286**

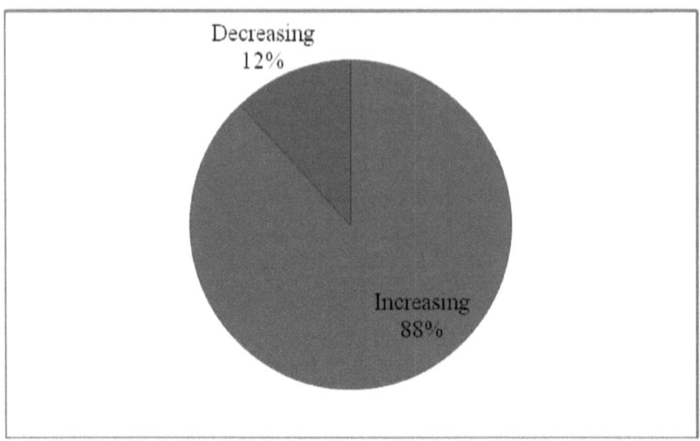

Figura 4.2 Situação da produção agrícola (aumento ou diminuição).

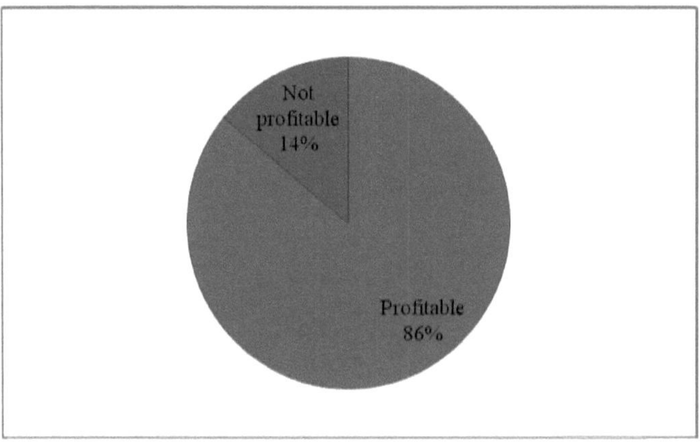

Figura 4.3 Rendibilidade das explorações agrícolas com base na opinião dos agricultores.

4.5 Perceção das diferentes partes interessadas sobre a Lei do Abate

4.5.1 Conhecimentos dos agricultores sobre a lei do abate de animais

As diferentes variáveis relacionadas com o conhecimento dos agricultores sobre o ato de abate são mencionadas no Quadro 4.9. Otter (2008) descreveu que o termo "matadouro" não se referia originalmente a uma estrutura específica utilizada para o abate de animais. Referia-se a qualquer edifício onde ocorria o abate de animais (por exemplo, um talho). A UE define matadouros como quaisquer instalações, incluindo instalações para deslocação ou estabulação de animais, utilizadas para o abate comercial de animais, ruminantes, suínos, coelhos e aves de capoeira (Comissão Europeia, 1993). O matadouro surgiu como uma instituição única no início do século XIX, como parte de uma transição mais alargada de um sistema agrário para um sistema industrial, acompanhada por uma urbanização crescente, desenvolvimentos tecnológicos e preocupação com a higiene pública (Brantz, 2008). Cinquenta e oito por cento dos agricultores disseram não ter qualquer ideia sobre a lei do abate, enquanto 85% dos agricultores disseram que o inspetor sanitário nunca visitou o matadouro. Trata-se de um grande obstáculo à produção de carne de qualidade e higiénica. Outros parâmetros relacionados com a lei do abate são igualmente decepcionantes (quadro 11). Sessenta por cento dos agricultores não respeitam a idade, o sexo, a gravidez e o estado de lactação durante o abate do animal. Quarenta e sete por cento dos agricultores não têm qualquer conhecimento sobre a forma irregular e os cortes de peles e couros. Consequentemente, os agricultores podem danificar os couros e a pele devido à forma irregular dos cortes durante a esfola, especialmente durante o Ed-ul-Azha, a maior festa religiosa da Ummah muçulmana, o que constitui uma grande perda para a nação, que ganha divisas com a exportação deste importante produto para o estrangeiro. Quarenta e sete por cento dos agricultores declararam que o talhante efectua uma sangria adequada para a produção de carne halal. Existe uma relação positiva entre a libertação de sangue e o tempo de sangria. Islam (2015) afirmou que o tempo necessário para a sangria completa variava de 9,13 a 16,35 minutos. Setenta e sete por cento dos agricultores não sabem que, sem um matadouro, nenhum animal pode ser abatido, exceto no maior festival do azevinho e nas festas de família, e se o matadouro existente é amigo do ambiente ou não responderam negativamente. Setenta e cinco por cento dos agricultores referiram que o tribunal móvel não é conduzido de todo para proibir o crime relacionado com a lei do abate. Se o tribunal móvel não for conduzido, o infrator encorajará a prática de crimes relacionados com a lei do abate. O Governo deve avançar para cumprir a conduta móvel. Deve ser demonstrada tolerância zero relativamente à aplicação desta lei. A mesma percentagem responde que o talhante não segue o sistema de pendurar e puxar da esfola. Sessenta e dois por cento dos agricultores não têm conhecimento do dia restrito de abate de animais. Setenta por cento dos agricultores responderam que o animal vivo e a carcaça não foram examinados para se conhecer o estado de saúde antes e depois do abate. Adzitey et al. (2011) descreveram que o mau manuseamento dos animais tem efeitos adversos na qualidade do animal, da carcaça e da carne. Os animais e a carne de má qualidade terão propriedades de processamento, qualidade funcional e qualidade alimentar deficientes, sendo mais provável que não sejam aceites pelos consumidores. Grunert (1997) referiu que as pistas de qualidade extrínsecas e intrínsecas inferem atributos de qualidade específicos e que estes são bastante semelhantes em vários países. Por conseguinte, o consumidor toma a decisão de comprar carne com base num grande número de indícios (preço, rótulo, marca, aspeto e tipo de corte) que, por sua vez, indicam a qualidade da carne em termos de atributos (tenrura, sabor, frescura e nutrição). Os países em desenvolvimento também se interessam pelo tratamento adequado dos animais antes do abate, devido ao seu efeito benéfico sobre a qualidade da carne e da carcaça. A figura 4.4 mostra que cerca de % dos agricultores vendem as suas aves e animais. A maioria (69%) das aves é vendida a intermediários e os restantes 31% são vendidos pelos próprios.

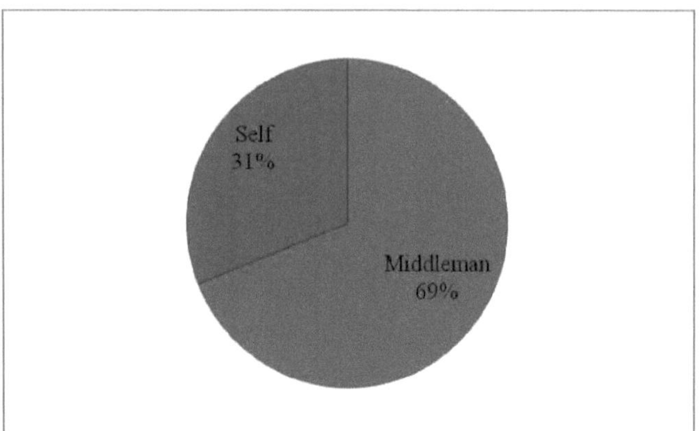

Figura 4.4 Os agricultores vendem as suas aves e animais.

Quadro 4.9 Conhecimentos dos agricultores sobre a lei do abate de animais, 2011

Conhecimentos dos agricultores	Sim (%)	Não (%)	Classificações
Conhecimentos sobre a forma irregular e os cortes à faca	53	47	1
Sangria correcta do animal efectuada pelo talhante	47	53	2
Conhecimentos sobre a lei do abate	42	58	3
O talhante tem em conta a idade, o sexo, a gravidez e a lactação durante o abate do animal	40	60	4
Conhecimento do dia restrito de abate de animais	38	62	5
Exame do animal vivo e da carcaça para conhecer o estado de saúde antes e depois do abate	30	70	6
Conduta do tribunal móvel para proibir ou não o crime relacionado com o ato de abate	25	75	7

O talhante segue ou não o sistema de esfolar por suspensão e tração	25	75	8
Saber que, sem matadouro, nenhum animal pode ser abatido, exceto na maior festa de Natal e na festa da família	23	77	9
Se o matadouro atual é ou não amigo do ambiente	23	77	10
O inspetor sanitário visita ou não o matadouro	14	85	11

4.5.2 Conhecimento e perceção do talhante sobre a lei do abate de animais, 2011

Os conhecimentos e a perceção dos talhantes sobre a lei do abate são apresentados no Quadro 4.10. Mais de 80% dos talhantes afirmaram que vendem os seus subprodutos, como sangue, ossos, rins, fígado, estômago; têm conhecimentos adequados sobre sangria; o abate deve ser efectuado no matadouro, exceto em festividades; sabem que a licença tem de ser renovada ao fim de um ano; são necessários 4-5 minutos para obter carne *halal* para uma sangria adequada. Todos estes tipos de respostas positivas são um bom exemplo de boas práticas de gestão para a produção de carne halal e segura.

Pelo contrário, mais de 80% dos talhantes afirmaram que a carne não contém antibióticos, conservantes, hormonas, substâncias venenosas, metais pesados e microrganismos; não fazem ideia se o matadouro é ou não amigo do ambiente; a carcaça, a carne, as miudezas consumíveis, a água usada e o gelo recolhidos para análise de amostras não estão a ser examinados pelo laboratório veterinário de saúde pública e de microbiologia. Estas respostas negativas sobre antibióticos, hormonas, substâncias venenosas, metais pesados e microrganismos têm de ser testadas em laboratório para investigações mais aprofundadas. Não é suposto os talhantes terem este tipo de conhecimentos. Durante a engorda de bovinos de carne, há um relatório (Islam et al., 2012) em que se afirma que os agricultores com 2-5 cabeças de gado são altamente engordados utilizando promotores de crescimento como Oradexon (esteroide glucocorticoide), Decason (esteroide glucocorticoide), Dexavet (esteroide sintético), Tredexanol (esteroide sintético), Pednivet (esteróides). Verbeke e Vackier (2004) constataram que vários segmentos de consumidores belgas estavam preocupados com a presença de antibióticos na carne fresca, e que essas preocupações estavam classificadas em primeiro lugar quando comparadas com outros riscos de segurança da carne (nomeadamente dioxinas, BSE e bactérias nocivas). Miles e Frewer (2001) constataram que mais de 50% dos consumidores britânicos inquiridos estavam extremamente preocupados com a utilização de antibióticos na produção animal.

Krystallis e Arvanitoyannis (2006) descrevem um grupo de consumidores gregos particularmente preocupados com a segurança química da carne (ou seja, o seu conteúdo em antibióticos e hormonas). As preocupações com este risco químico específico são também mencionadas em relatórios sobre as percepções dos consumidores relativamente à carne de aves de capoeira (Glitsch, 2000; Yeung e Morris, 2001) e à carne de porco (Glitsch, 2000). Morkbak et al. (2010) estimaram que os consumidores dinamarqueses estavam dispostos a pagar pela carne de porco produzida de acordo com regras mais rigorosas no que respeita à utilização de antibióticos.

Três quartos tomaram conhecimento do dia restrito de abate de animais, o que é um bom sinal de que o Governo tomou uma medida eficaz para manter a atual dimensão da população de gado. Setenta por cento dos talhantes afirmaram que o inspetor de carnes os visita para selar a carcaça. O estudo revela que, na maioria dos casos, o inspetor da carne não é veterinário. Não possuem quaisquer conhecimentos técnicos para examinar o estado de saúde dos animais antes e depois do abate e, em troca de dinheiro, dão uma marca na carcaça. Sessenta e nove por cento dos talhantes são titulares de uma licença, que é obrigatória para todos os talhantes mencionados na lei do abate. Até à data, mais de 30% não têm licença. Trata-se de uma mensagem para que não se cumpra a lei em vigor. Os matadouros e os centros de transformação de carne não são criados de forma científica, de acordo com as regras e disposições da lei. Trinta e seis por cento dos inspectores sanitários não visitam os matadouros, o que constitui uma clara violação da lei em vigor, pois os talhantes não são obrigados a seguir as medidas de higiene necessárias para produzir carne segura. A maior parte da carne é manuseada em condições sanitárias insatisfatórias, tanto nas zonas rurais como urbanas do Bangladesh. Para verificar as condições de higiene do abate na prática quotidiana, o estado microbiano das carcaças é frequentemente determinado através da monitorização de organismos indicadores nas carcaças no final do abate (Zweifel et al., 2008). A segurança da carne é um conceito complexo, uma vez que existem muitos perigos e desafios a ter em conta. Os riscos incluem agentes patogénicos microbianos, resistência a antibacterianos, aditivos alimentares, resíduos químicos e outros possíveis contaminantes, para citar alguns (Knowles et al., 2007). Os desafios em matéria de segurança da carne envolvem questões de rastreabilidade, problemas de deteção de agentes patogénicos e de resíduos químicos, questões regulamentares, resposta às preocupações dos consumidores, etc. (Sofos, 2008).

A aplicação da legislação relativa ao abate ou à inspeção da carne é fraca (Murshed, 2014). Cinquenta e oito por cento dos talhantes danificam as peles e os couros devido à forma irregular do corte durante a esfola. Se for feito corretamente, o país poupará uma enorme quantidade de moeda estrangeira. A mesma percentagem de talhantes segue o sistema de esfolamento "pendurar e puxar". A água pura e o ar fresco são necessários para manter o ambiente durante o abate. Cinquenta por cento dos talhantes não estão a manter o ar fresco e limpo, o que é uma notícia muito chocante para a obtenção de carne de qualidade para os consumidores. Cinquenta e três por cento dos talhantes não examinam o estado de saúde dos animais antes e depois do abate e não respeitam a idade obrigatória prevista na lei do abate. Sessenta e um por cento dos talhantes não procedem à esfola e à conservação dos couros e peles de acordo com as disposições da lei. Se não forem seguidas as normas de esfola e conservação, a qualidade dos couros e da pele deteriorar-se-á. Consequentemente, a exportação deste importante produto de base diminuirá, o que resultará em perdas de divisas. As facas pontiagudas devem ser evitadas durante a esfola, a fim de evitar o corte por esfola. É preferível utilizar facas sem ponta durante a esfola. Existem processos científicos de conservação dos couros e da pele, como a cura a seco, a cura com sal seco e com sal húmido, etc. Sessenta e três por cento dos talhantes pensam que não está a ser conduzido um tribunal móvel para proibir o crime relacionado com a lei do abate. Este tribunal deveria ser constituído por especialistas em pecuária, juntamente com um magistrado executado que seja bem versado na lei do abate. Sessenta e seis por cento dos animais não estão a ser mantidos em instalações de criação antes do abate. Os animais são abatidos de forma aleatória e indiscriminada. Há poucos matadouros confinados às grandes cidades. Os animais destinados à alimentação, tais como bovinos, búfalos, ovinos e caprinos, são trazidos para estes matadouros a partir de longas distâncias, geralmente de carro ou a pé. Como não há estabulação, os animais geralmente não recebem cuidados ante mortem (Rahman, 2001). A prática higiénica do exame ante mortem raramente é efectuada. A aplicação da lei relativa ao abate de animais de 2011 é muito limitada. É evidente que os talhantes não cumprem a lei do abate, que é essencial para minimizar o stress do animal, para o examinar quanto a doenças e quanto à sua saúde para o abate. Setenta e sete por cento dos talhantes não cumprem as disposições relativas ao abate de animais e à eliminação de resíduos previstas na lei. A situação das licenças dos talhantes é apresentada na Figura 4.5. Esta mostra que 23% dos talhantes não têm licença, o que constitui uma violação da lei. A opinião dos talhantes sobre a atual pena de prisão e o sistema de sanções é apresentada na Figura 4.6. O local de abate dos animais é apresentado na Figura 4.7. Esta mostra que 72% dos animais são abatidos em matadouros, 25% em campo aberto e 3% na estrada. O abate num local aberto é anti-higiénico para os consumidores de carne. O Governo devia criar um matadouro científico em cada upazila para produzir carne higiénica. Islam (2015) afirmou que 55% dos talhantes utilizavam uma placa de abate simples para abater o animal, seguidos de 30% e 15% de agricultores na berma da estrada e no solo, respetivamente. Os licenciados em AH deveriam ser responsáveis pela criação e funcionamento de matadouros modernos, uma vez que possuem conhecimentos especializados neste domínio. O sistema de eliminação dos resíduos do matadouro é apresentado na Figura 4.8. Mostra que cerca de 36% são eliminados em campo aberto, 63% em compostagem e 2% na estrada. Islam (2015) referiu que 50% dos talhantes deitavam os resíduos no esgoto, seguidos de 35% que os mantinham em campo aberto na divisão de Rangpur e 50% que os deitavam em massas de água na divisão de Chittagong. A eliminação de resíduos de matadouros em locais abertos e junto às estradas não é higiénica. A recolha, o armazenamento, a eliminação e a transformação dos subprodutos de matadouros constituem uma parte importante dos cuidados a prestar em regiões com criação intensiva de animais e produção de carne. É necessário evitar a transmissão de doenças e a poluição ambiental através de um manuseamento inadequado e/ou incorreto dos subprodutos do matadouro. Há uma necessidade crescente de encontrar uma solução para a eliminação segura de subprodutos animais através da sua utilização e transformação em alimentos para animais e biocombustíveis, devido à produção pecuária intensiva e ao aumento das capacidades dos matadouros industriais, à construção de novos pequenos matadouros, de fábricas de transformação de carne e ao aumento do volume do comércio internacional de produtos animais comerciais (Okanovic et al., 2006).

Quadro 4.10 Conhecimento e perceção do talhante sobre o ato de abate

Particularidades	Sim (%)	Não (%)	Classificação
Venda de subprodutos	91	9	1
Necessidade de conhecimentos adequados sobre hemorragias	88	12	2
O abate deve ser efectuado em matadouros, exceto em festividades	86	14	3
A licença deve ser renovada ao fim de um anoé conhecido por	84	16	4
Saber que são necessários 4-5 minutos para que a carne *halal seja* sangrada corretamente	80	20	5
Ouviu falar do dia restrito de abate de animais ou não	75	25	6
Visita do inspetor de carnes para selar ou não a carcaça	70	30	7
Obtenção ou não de licenças para a criação de matadouros, centros de transformação e venda de carne junto das autoridades competentes	69	31	8
Matadouro, centro de transformação de carnes e	67	31	9

instalações de acordo com as dimensões prescritas e instalações disponíveis ou não			
Visita do inspetor sanitário ao matadouro	64	36	10
Qualquer forma irregular e cortes à faca ou não	58	42	11
Introduzir o sistema de pendurar e puxar para esfolar ou não	58	42	12
Corte nos couros e peles durante a esfola ou não	55	45	13
Cuidados com a segurança ambiental (ar, água) durante o abate do animal ou não	50	50	14
O animal vivo e a carcaça foram examinados para conhecer o estado de saúde antes e depois do abate	47	53	15
Seguir ou não a idade obrigatória dos animais para abate	47	53	16
Seguir ou não a esfola e a conservação dos couros e peles de acordo com as disposições	39	61	17
Tribunal móvel conduzido para proibir ou não o crime relacionado com o ato de abate	37	63	18
Os animais foram ou não mantidos no parque pecuário antes do abate	34	66	19
Seguir ou não as disposições relativas ao abate de animais e à eliminação de resíduos previstas na lei	23	77	20
A carne contém o nível tolerável de antibióticos, conservantes, hormonas, substâncias venenosas, metais pesados e microrganismos?	19	81	21
Se o seu matadouro é amigo do ambiente ou não	17	83	22
A carcaça, a carne, as miudezas consumíveis, a água usada e o gelo recolhidos para análise de amostras são ou não examinados pelo laboratório veterinário de saúde pública e microbiologia	11	89	23

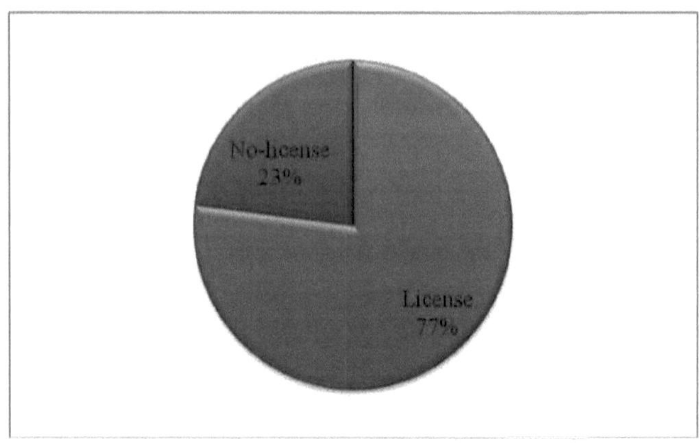

Figure 4.5 License statuses of butchers.

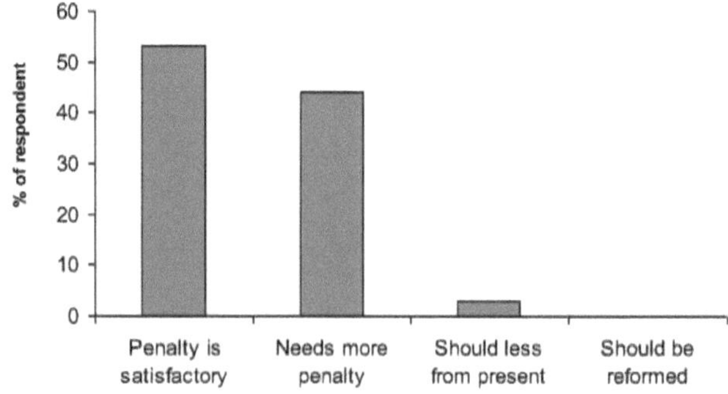

Figura 4.6 Opinião dos talhantes sobre o atual sistema de penas de prisão e de sanções.

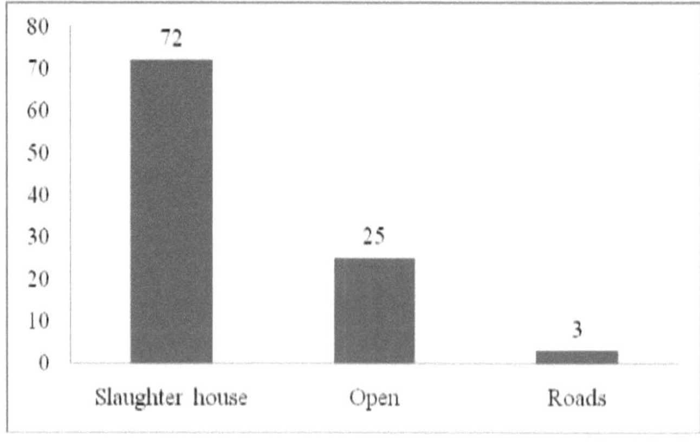

Figure 4.7 Place of slaughtering animal.

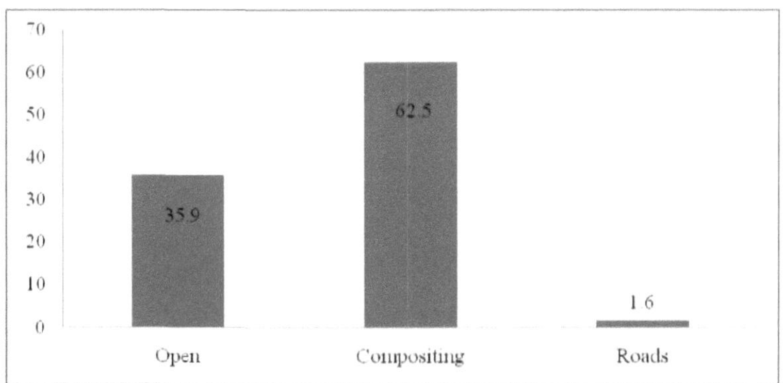

Figura 4.8 Eliminação de resíduos de matadouros.

4.5.3 Conhecimento e perceção dos transformadores de carne sobre o ato de abate

O conhecimento e a perceção dos transformadores de carne sobre a lei do abate são apresentados no Quadro 4.11. Setenta e quatro por cento dos transformadores de carne utilizavam água limpa na unidade de transformação. Islam (2015) citou que 71,43% dos talhantes limpam o seu matadouro/centro de venda de carne, o que está de acordo com os presentes resultados. Também mencionou que 72,14% dos talhantes utilizavam água de poços tubulares, 7,86 e 20% utilizavam água de abastecimento e água de lagos, respetivamente, para lavar as carcaças. É um indicador de que três quartos das empresas de transformação de carne seguem a lei do abate. As fábricas de transformação de carne utilizam a água principalmente para a higienização das áreas de detenção dos animais, escaldagem, lavagem da carne, refrigeração, lavagem dos resíduos e limpeza e desinfeção do equipamento. Setenta por cento dos centros de venda são certificados pela autoridade designada. 30% dos centros de venda não estão certificados pela autoridade, o que constitui uma violação da lei do abate. Sessenta e dois por cento das pessoas envolvidas na transformação da carne estão isentas de doenças infecciosas e contagiosas. É fácil perceber que 38% estão expostos a doenças. Em muitos países em desenvolvimento, os regulamentos relativos à inspeção e/ou controlo da carne são inadequados ou inexistentes, permitindo que os consumidores sejam expostos a agentes patogénicos, incluindo parasitas zoonóticos (Adzitey e Hud, 2012). Adzitey e Hud (2012) descreveram que, devido à falta de implementação da Lei de Inspeção da Carne e à consequente ausência de inspeção da carne, a carne de animais doentes ou infectados com parasitas está a servir como fonte de infeção para os seres humanos e outros animais. A recolha de dados em Bagabari Ghat, no distrito de Sirajgang, revela que muitas pessoas foram infectadas com carbúnculo bacteriano após terem manuseado a carcaça de animais infectados. Sessenta e um por cento das empresas de transformação de carne não estão certificadas por um médico registado se estão curadas de doenças infecciosas e contagiosas. Sessenta e quatro por cento dos transformadores de carne afirmaram que o funcionário autorizado do DLS, como o inspetor da carne e o inspetor sanitário, não visita a fábrica. Islam (2015) deu a entender que os cirurgiões veterinários das divisões de Daca e Chittagong não examinaram o animal antes do abate e, noutras divisões, a sua visita ao animal abatido é mínima, o que é uma disposição obrigatória da lei do abate. O Governo não está interessado em inspecionar as instalações. Sessenta e cinco por cento das empresas de transformação de carne não cumprem as disposições da lei em matéria de transporte e comercialização de carne e produtos à base de carne. Parece que os transformadores de carne não estão muito conscientes do local onde o animal está a ser abatido ou do ambiente de onde provém. Se a origem da carcaça for desconhecida, pode tratar-se de doenças ou de animais mortos, dependendo da honestidade do fornecedor. Uma fonte relevante indicou que uma vaca foi encontrada morta ao ouvir as notícias, o talhante recolheu as peles do cadáver e a carne foi levada para o centro de venda. Setenta por cento das instalações de transformação de carne não são amigas do ambiente. Setenta e três por cento dos gestores, proprietários e pessoas associadas não estão a manter o atestado médico dos empregados da fábrica/centro de transformação e do matadouro, o que constitui uma regra obrigatória para o exercício da atividade. É notável que 77% dos transformadores de carne não apresentem o certificado sanitário aquando da inspeção pelo veterinário. Se o veterinário tivesse sido rigoroso, honesto e sincero no cumprimento do seu dever, as empresas de transformação de carne não poderiam ter sido desobedecidas. Trata-se de uma desordem do sistema na aplicação da lei do abate do Governo. Oitenta e dois por cento das fábricas/centros de transformação não dispõem de instalações de modem. Trata-se de uma grande desvantagem para a produção de carne de qualidade. As instalações disponíveis, como a estabulação, o abate, a esfola, a lavagem e a higienização, a refrigeração e a congelação, a embalagem, o valor acrescentado, o HACCP, o SPS, as BPF, etc., devem ser introduzidas num matadouro moderno. Se estas condições não forem asseguradas, a OMC não autorizará a exportação de carne e de produtos à base de carne do Bangladesh. Perez et al. (2002) e Warriss (1995) observaram que "é necessário um período de estabulação de duas a três horas para recuperar do stress do transporte, devido à redução da qualidade da carne com tempos de estabulação mais curtos. O potencial de crescimento rápido é elevado e, uma vez que o consumo interno é baixo (menos de 2%), o potencial de exportação aumenta substancialmente. Do ponto de vista da exportação, uma das principais preocupações da indústria alimentar é a segurança. Existe uma relação direta entre a qualidade dos alimentos para animais, a higiene e a segurança dos alimentos de origem animal. Num futuro próximo, poderá ser proibida a venda de animais vivos e apenas a carne transformada estará disponível nos pontos de venda a retalho sob a forma de produtos congelados, pelo que terá de haver uma mudança de mentalidade das pessoas em relação aos alimentos congelados. Prasad et al (2013) afirmam que as medidas necessárias para aumentar o potencial de exportação da nossa carne são as seguintes Notificação de Zonas Livres de Doenças pela OIE e pela OMC, modernização dos matadouros, modernização dos laboratórios de controlo de qualidade, inspeção laboratorial rigorosa da carne e dos produtos à base de carne, proibição rigorosa de antibióticos nos alimentos para animais, sistema científico de criação, programas de formação em higiene e produção de carne de qualidade. Noventa por cento das empresas de transformação de carne não importam qualquer carne para venda. Embora 10% dos transformadores de carne importem carne de fora do país, não consideram a Lei de quarentena dos animais e dos produtos animais de 2005. Uma entrevista revela que alguns comerciantes desonestos importam carne crua da Índia no posto fronteiriço do distrito de Lalmonirhat e transportam-na para o mercado local para venda.

Quadro 4.11 Conhecimentos e perceção dos transformadores de carne sobre o ato de abate

Particularidades	Sim (%)	Não (%)	Classificação
É ou não utilizada água limpa na sua instalação de transformação	74	26	1
O facto de o centro de vendas ser ou não certificado pela autoridade designada	70	30	2
Se as pessoas envolvidas na transformação da carne estão ou não isentas de doenças infecciosas e contagiosas	62	38	3
Certificado por um médico registado como estando ou não curado das doenças acima referidas	39	61	4
A DG ou um funcionário autorizado inspecciona ou não o seu centro/unidade de transformação de carne	36	64	5
Acompanhar ou não a prestação de serviços de transporte e comercialização de carne e produtos à base de carne nos termos da lei	35	65	6
Se o seu matadouro é amigo do ambiente ou não	30	70	7
O diretor ou proprietário ou pessoa responsável conserva o atestado médico dos empregados da unidade/centro de transformação, matadouro ou não	27	73	8
Apresentar ou não o certificado sanitário aquando da	23	77	9

inspeção por um veterinário			
Existem ou não instalações de modem na sua fábrica/centro de processamento	18	82	10
Importação de carne com base na lei de quarentena de animais e produtos de origem animal-2005 ou não	10	90	11

Quarenta e quatro por cento dos transformadores de carne familiarizaram-se com a lei do abate, como mostra o Quadro 4.12.

Quarenta e quatro por cento das empresas de transformação de carne tiveram conhecimento da lei do abate. A maior parte deles, cerca de 23%, informou-se através de formação. As demonstrações no terreno não estão a ser praticadas de todo. Cinquenta e seis por cento desconhecem totalmente a lei do abate. Os meios de comunicação social e as iniciativas do Governo não estão a desempenhar o papel esperado para os informar sobre a lei.

Quadro 4.12 Formas de introdução do ato de abate na empresa transformadora de carne

Particularidades		Frequência	Percentagem
	Participar em acções de formação	15	22.7
Conhecido	Meios de comunicação social	2	3.0
	Governo, pessoal	11	16.7
	Demonstração no terreno	1	1.5
Total conhecido		**29**	**44**
	Falta de sensibilização	9	13.6
	Falta de acesso à formação	8	12.1
Desconhecido	Meios de comunicação social	8	12.1
	Menos contacto com a administração pública, pessoal	12	18.2
Total desconhecido		**37**	**56**
Total		**66**	**100**

85% dos inquiridos afirmaram que cada ponto de venda deveria ter um centro de vendas, mas a maior parte deles está atrasada ou é antiquada (Quadro 4.13). Setenta e um por cento dos transformadores de carne responderam que não higienizam as carcaças após a esfola, o que é essencial para a produção de carne segura. Oitenta por cento responderam que não produzem produtos de carne de valor acrescentado como salsichas, nuggets, almôndegas, etc.. Mas, atualmente, esta é uma necessidade premente. O processador de carne não produz outros produtos, limitando-se apenas a produzir carne crua para o consumidor. Korzen e Lassen (2010) descreveram como as percepções das qualidades da carne variam entre contextos. Em relação à carne, os autores descreveram dois contextos: o "contexto quotidiano" (relacionado com a compra, a preparação e o consumo) e o "contexto de produção" (relacionado com a produção primária, o abate e a transformação da carne). A perceção não está apenas relacionada com os sentidos básicos, como os atributos visuais, de sabor e paladar, mas também com a aprendizagem ou experiências formadas.

77% das empresas de transformação de carne não dispõem de instalações de autenticação para a carne e os produtos à base de carne. Oitenta por cento dos transformadores de carne afirmaram que não dispõem de um sistema de preços fixos para a venda de carne, o que deveria ser feito para que os consumidores não fossem enganados. Mais de 80% dos inquiridos afirmaram não dispor de instalações de refrigeração e de cozedura, de sistemas de embalagem melhorados, de um sistema de classificação da carne e de um centro de venda moderno em cada ponto de venda. Existem muitos métodos de descontaminação de carcaças, tal como descritos na literatura relevante e utilizados nos matadouros em todo o mundo, tais como (i) lavagem com água fria/morna, (ii) lavagem com água quente, (iii) aspiração a vapor, (iv) pasteurização a vapor, (v) irradiação, (vi) aplicação de ácido orgânico, (vii) combinação da aplicação de ácido orgânico com outros tratamentos de descontaminação e (viii) outros tratamentos químicos (Milios e Frewer, 2001). Cerca de 85% dos transformadores de carne dão-nos informações negativas. A venda de carne deveria ser feita em embalagens, mas 85% dos transformadores de carne disseram-nos que não a vendem ao cliente em embalagens. Não existe um local de venda de carne moderno no nosso país. A maior parte deles são atrasados. A figura 4.9 mostra o meio de transporte do animal abatido pelo processador de carne. A maioria das carcaças (80%) é transportada por carrinha mencionada pelo processador de carne. Islam (2015) afirmou que 50% dos talhantes da divisão de Rajshahi transportavam as carcaças em riquexó e 80% em carrinhas motorizadas, o que é semelhante às presentes conclusões.

Quadro 4.13 Conhecimento e perceção do processador de carne

Particularidades	Sim	Não	Classificação
Deve ter um sistema de refrigeração	41	59	1
Deve dispor de instalações de higienização das carcaças	29	71	2
Deve dispor de instalações de autenticação de carne e produtos à base de carne	23	77	3
Deve produzir produtos de carne com valor	20	80	4

acrescentado, incluindo salsichas, almôndegas, nuggets, etc.			
Deve ser introduzido um sistema de preços fixos	20	80	5
Deve dispor de instalações de refrigeração e de ebulição	20	80	6
Deveria ter melhorado os sistemas de embalagens	15	85	7
Deve existir um sistema de classificação da carne	15	85	8
Deverá existir um centro de venda de modems em cada ponto de venda	15	85	9

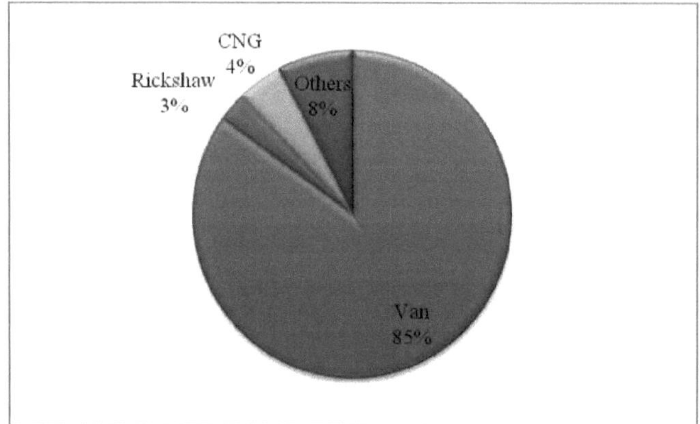

Figura 4.9 Meios de transporte do animal abatido pelo processador de carne.

4.5.4 Conhecimento e perceção dos OIT/DLO sobre a lei do abate

O quadro 4.14 mostra os conhecimentos e a perceção dos OLU/OLD sobre as diferentes componentes das leis do abate. O quadro mostra que 82% dos funcionários do Governo não seguem a lei do abate de animais. A decisão de aplicar a lei do abate de animais não é tomada pela autoridade a nível do pessoal de base. Uma vez que a autoridade de execução ainda não impôs o cumprimento da lei em conformidade, não têm o cuidado de a aplicar. Mais de 90% dos funcionários do sector pecuário conhecem a lei relativa aos médicos veterinários e a lei relativa ao abate de animais e sabem que os veterinários registados não estão autorizados a exercer a profissão. No caso de criação de explorações, registo, controlo do valor alimentar, controlo de doenças e outros, a lei não é seguida de todo e os funcionários do sector pecuário não estão envolvidos na vigilância das doenças das aves de capoeira. Estas são as declarações feitas pelos funcionários do Governo, que representam mais de 90%. Oitenta por cento e mais de 80% dos funcionários do Governo declararam que são veterinários registados e que dão conselhos aos agricultores para manter a biossegurança. Tomam iniciativas em matéria de epidemiologia, notificação de doenças e sistema de registo. Tomam igualmente iniciativas no âmbito do programa de extensão de controlo de doenças e aconselham os agricultores a não venderem aves vivas em caso de propagação de doenças. Mais de 70% dos funcionários do sector pecuário foram citados como tendo afirmado que estão a manter o período de retirada dos medicamentos quando dão receitas aos agricultores para o tratamento dos animais. Eles sabem muito bem que a comercialização de aves vivas é proibida e que a bio-segurança deve ser mantida, tal como mencionado na lei. Para garantir a segurança alimentar no abate, são necessárias medidas adicionais aos procedimentos tradicionais de inspeção da carne, em especial porque os animais saudáveis produtores de alimentos podem ser portadores de importantes agentes patogénicos bacterianos que causam doenças humanas (EFSA/ECDC, 2014). Devem aplicar programas obrigatórios de autocontrolo seguindo a abordagem de análise de perigos e pontos críticos de controlo (HACCP). Não devem ter efeito residual de medicamentos nos produtos avícolas e têm um plano a longo prazo para prevenir e controlar doenças como a gripe aviária e outras doenças infecciosas. Seguem as normas internacionais quando utilizam probióticos e antibióticos na prescrição. No caso da utilização de probióticos e antibióticos na prescrição, se o veterinário não seguir as normas, o consumidor não obterá produtos animais de qualidade e seguros. Cinquenta e quatro por cento dos funcionários do sector pecuário responderam negativamente que não estão a trabalhar no desenvolvimento do empreendedorismo ou na exportação de produtos animais. O desenvolvimento do espírito empresarial e a exportação de produtos animais são essenciais para criar emprego no sector pecuário e ganhar divisas. Os agricultores estão a ter prejuízos no negócio da pecuária devido à falta de comercialização adequada e de valorização do produto. Se os produtos forem vendidos para países estrangeiros, a atividade pecuária será sustentada e os agricultores poderão evitar a perda do negócio. Não sabem (44%) que foram criadas instalações de quarentena na política de importação de animais. No caso da importação de animais, estes são mantidos em condições de quarentena para restringir a doença e para determinar se os animais são portadores de doenças. Na venda de aves de capoeira preparadas, os agricultores (44%) não são aconselhados a manter o método da cadeia de frio. A maioria dos agricultores vende aves vivas aos consumidores, pelo que existe uma grande possibilidade de propagação da doença, uma vez que as aves que sofrem de doenças contagiosas se tornam susceptíveis a outras. Trinta e um por cento dos funcionários do sector pecuário não tomam qualquer iniciativa para incentivar e ajudar a criar um laboratório de diagnóstico de doenças a nível privado. A criação de um laboratório de diagnóstico agrícola para a deteção de doenças a nível privado foi incentivada na política, mas não está a ser bem implementada. Consequentemente, sem identificar a doença, os médicos veterinários não estão a prescrever corretamente.

A figura 4.10 mostra a distribuição dos funcionários do sector pecuário como DLO/PDO/ULO/VS. A figura 4.11 mostra que os cirurgiões veterinários representam 46%, seguidos dos ULO 33%, DLO 13% e PDO 8%. Cerca de 70% dos funcionários são licenciados em veterinária, o que indica que há falta de funcionários responsáveis pela produção animal a nível da Upazila. A fonte da DLS indica que existem 700 licenciados em veterinária e 200 licenciados em zootecnia, o que está de acordo com as presentes conclusões. Os veterinários só servem o objetivo de tratamento, mas não o de gestão. É por isso que a falta de fornecimento de proteína animal e produtos de qualidade não estão a ser obtidos pelos consumidores.

Quadro 4.14 Conhecimento e perceção dos OLU/OLD sobre os actos de abate

Particularidades	Sim (%)	Não (%)	Classificação
Cumprir ou não a lei do abate de animais	18	82	1
Trabalhar para o desenvolvimento do espírito empresarial ou exportar produtos pecuários ou não	46	54	2
No caso de serem ou não criadas instalações de quarentena para a importação de animais	56	44	3
Aconselhar os agricultores a manterem o método da cadeia de frio na venda de aves de capoeira preparadas	56	44	4
Incentivar e apoiar a criação de laboratórios de diagnóstico de doenças a nível privado	69	31	5
Manter o intervalo de segurança dos medicamentos sujeitos ou não a receita médica	74	26	6
A comercialização de aves vivas, a biossegurança na empresa municipal e a Pouroshava são mencionadas na política, seja ela conhecida ou não	77	23	7
O efeito residual do medicamento não deve ter no produto de aves de capoeira está a manter-se ou não	77	13	8
Planeamento a longo prazo da prevenção e controlo de doenças como a gripe aviária e outras doenças infecciosas	77	23	10
Seguir as normas internacionais em caso de utilização de probióticos e antibióticos	77	23	11
Médico veterinário registado ou não	80	20	12
Protocolo de biossegurança ao alcance do agricultor	82	18	13

ou não			
Tomar iniciativas em matéria de epidemiologia e de sistema de notificação e registo de doenças	85	15	14
Tomada de iniciativa em matéria de programa de extensão de controlo de doenças	85	15	15
Aconselhar o agricultor a não vender aves vivas com facilidade	85	A	16
Incentivar o agricultor a vender carne de frango e de aves de capoeira preparada	87	13	17
A instalação de uma exploração agrícola, o registo, o controlo do valor dos alimentos, o controlo de doenças e outros seguem ou não a lei/previsão/ordem	90	10	18
Seguiu ou não a lei dos médicos veterinários	92	8	19
O veterinário não registado e não autorizado a exercer a sua atividade é conhecido ou não	92	8	20
O ato do médico veterinário é conhecido ou não	95	5	21
Qualquer envolvimento na vigilância de doenças das aves de capoeira a nível governamental e privado, na exploração ou não	95	5	22
A lei do abate de animais é conhecida ou não	97	3	23

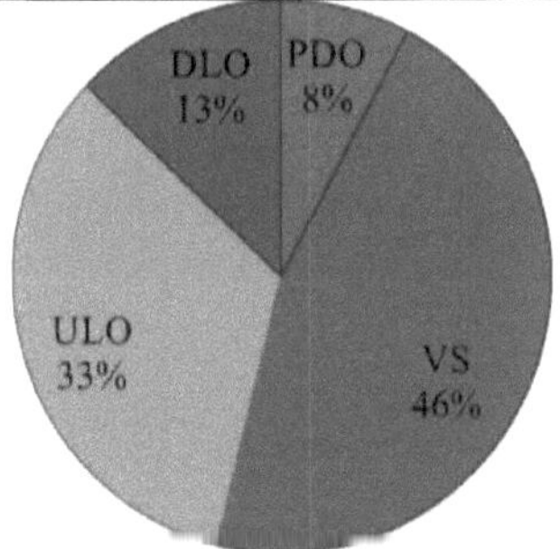

Figura 4.10 Distribuições de amostras de DLO/PDO/ULO/VS.

4.5.5 Regressão logística binária para o conhecimento dos agricultores sobre a lei do abate

O quadro 4.15 mostra a regressão logística binária para o conhecimento do agricultor sobre a lei do abate. Neste caso, o conhecimento sobre a lei do abate é considerado como variável binária (variável dependente) e as outras variáveis como variáveis endógenas. O quadro revela que nenhuma destas variáveis endógenas tem um efeito significativo no conhecimento dos agricultores sobre a lei do abate. O teste de proporção de uma amostra (teste Z) permite concluir facilmente que, na população de agricultores de uma determinada zona, menos de 50% dos agricultores têm conhecimentos sobre a lei do abate.

Quadro 4.15 Regressão logística binária para os conhecimentos dos agricultores sobre a lei do abate

Variáveis	B	S.E.	Wald	Valor P	Exp(B)
Idade	.007	.017	.151	.697	1.007
Educação	.046	.039	1.383	.240	1.047
Tamanho da família	-.100	.140	.516	.472	.904
Rendimento anual	.000	.000	.609	.435	1.000
Agricultura Experiência	.012	.030	.150	.698	1.012
Constante	-.920	1.195	.593	.441	.398

P >0,05 = Não significativo

4.5.6 Regressão logística binária para os talhantes sobre a lei do abate

O quadro 4.16 apresenta a regressão logística binária para os talhantes sobre a lei do abate. Neste caso, o conhecimento dos talhantes sobre a lei do abate é considerado como variável binária (variável dependente) e as outras variáveis como variáveis endógenas. O quadro revela que a maioria destas variáveis endógenas tem um efeito insignificante. Apenas o rendimento anual é significativo a um nível de significância de 5%, com p<0,05. Isto pode indicar que os talhantes com rendimentos mais elevados têm maior probabilidade de serem conhecidos pelo ato de abate. Ao realizar o teste de proporção (teste Z), pode concluir-se facilmente que menos de 50% dos talhantes conhecem a lei do abate.

Quadro 4.16 Regressão logística binária para os talhantes sobre o ato de abate

Variáveis	B	S.E.	Wald	Valor P	Exp (B)
Idade	-.010	.027	.149	.699	.990
Educação	-.029	.073	.160	.689	.971
Tamanho da família	-.181	.189	.924	.336	.834
Rendimento anual	.001	.000	3.598	.058	1.000
Agricultura Experiência	.019	.088	.047	.828	1.019
Constante	-.876	1.560	.315	.575	.417

*P<0,05 = Significativo

4.5.7 Regressão logística binária para o processador de carne no ato de abate

O quadro 4.17 mostra a regressão logística binária para o processador de carne em relação à lei do abate. Neste caso, o conhecimento sobre a lei do abate é considerado como variável binária (variável dependente) e as outras variáveis como variáveis endógenas. O quadro revela que nenhuma destas variáveis endógenas tem um efeito significativo no conhecimento dos agricultores sobre a lei do abate. Ao realizar o teste de proporção (teste Z), pode concluir-se facilmente que menos de 40% dos transformadores de carne desta zona específica conhecem a lei do abate.

Quadro 4.17 Regressão logística binária para o processador de carne no ato de abate

Variáveis	B	S.E.	Wald	Valor P	Exp (B)
Idade	.007	.029	.057	.812	1.007
Educação	.018	.065	.079	.779	1.018
Tamanho da família	-.233	.178	1.716	.190	.792
Rendimento anual	.000	.000	.019	.889	1.000
Agricultura Experiência	.050	.053	.882	.348	1.051
Constante	.139	1.600	.008	.931	1.149

P >0,05 = Não significativo

4.6 Conhecimento e perceção das diferentes partes interessadas sobre a lei dos alimentos para animais

4.6.1 Conhecimento e perceção dos agricultores sobre o ato de alimentar

O quadro 4.18 mostra os conhecimentos e a perceção dos agricultores sobre os factos relativos à alimentação. O quadro mostra que 56% dos agricultores utilizaram ração em pó para a criação de aves de capoeira. A lei dos alimentos para animais estipula a utilização de rações em puré. Não há qualquer possibilidade de adulteração na ração em puré porque as matérias-primas são claramente visíveis na ração em puré. Se for utilizado um alimento em puré de baixa qualidade ou adulterado na mistura de alimentos para animais, podem surgir excrementos soltos. No contexto de diferentes aspectos, tais como na fase de crescimento desejada e na produção de ovos, pode ser adicionada farinha de peixe para comer facilmente. Para aumentar a gordura abdominal, utiliza-se facilmente milho com elevado teor energético. Para satisfazer as necessidades diárias de vitaminas e minerais, pode ser utilizada uma pré-mistura na ração, caso em que não é necessário utilizar vitaminas adicionais na medicação. É por isso que o custo da medicação pode ser minimizado. Cinqüenta e dois por cento dos agricultores responderam positivamente que o peso líquido é mencionado na ração embalada. É obrigatório que esteja escrito na embalagem da ração. Cinqüenta e três por cento dos agricultores não verificam a data de validade das embalagens de ração. Também deve ser incluída no saco à luz da lei dos alimentos para animais. Cinquenta e oito por cento dos agricultores mencionaram que o nome dos ingredientes e as percentagens não são indicados no saco. O nome e a percentagem dos ingredientes devem ser indicados, ou seja, para formular a ração em diferentes fases, é necessário indicar a quantidade de proteínas e de energia metabolizável necessária para formular uma ração equilibrada. A transparência e a responsabilização dos proprietários das fábricas de rações perante os agricultores podem ser asseguradas. Sessenta por cento dos agricultores não compram nem produzem ingredientes para rações disponíveis localmente, o que constitui uma violação da lei dos alimentos para animais em vigor. Sessenta e um por cento dos agricultores afirmaram que os preços dos sacos de ração flutuam ao longo do ano. Deveria haver uma dotação orçamental para subsídios e deveria haver isenção de impostos e direitos de importação sobre a importação de matérias-primas. Com o aumento do preço dos alimentos para animais, os custos de produção dos agricultores também aumentaram. Consequentemente, os agricultores estão a perder cada dia que passa. Sessenta e três por cento dos agricultores não conhecem a lei relativa aos alimentos para animais. O Governo não está a tomar medidas adequadas para sensibilizar para a lei relativa aos alimentos para animais. Sessenta e cinco por cento dos agricultores conhecem as utilizações proibidas dos resíduos de curtumes nos alimentos para animais. Trinta e quatro por cento dos agricultores comentam que têm muita experiência na utilização de rações mistas com coccidiostáticos, antibióticos e probióticos e 75% dos agricultores compram rações prontas com probióticos, antibióticos e promotores de crescimento. Sessenta e seis por cento dos agricultores estão a enfrentar uma escassez de vacinas. É uma notícia triste a aplicação da lei relativa aos alimentos para animais. O Governo deve disponibilizar vacinas e alimentos para animais e controlar os sacos para verificar o número do lote. Por alimentos adulterados entende-se os alimentos fabricados com misturas de resíduos de curtumes, doses mais elevadas de hormonas de crescimento e antibióticos, ingredientes de baixa qualidade como milho, soja, polimento de arroz e matérias-primas importadas. Os alimentos adulterados contêm baixos níveis de PC, CF, Ca, P e aminoácidos essenciais, bem como vitaminas e minerais. O estudo mais recente de El-Sayed (2014) indicou que os sectores da alimentação animal nos países em desenvolvimento, ou seja, mais de metade dos produtores de alimentos para animais não efectuam análises de proximidade, 60% dos produtores não recebem inspecções de controlo de qualidade e menos de metade das amostras analisadas correspondem aos valores registados nos rótulos. Consequentemente, a produção de gado e de aves de capoeira foi inferior ao nível esperado. As aves de capoeira e os ovos - duas fontes de proteínas populares e fáceis de obter - já não são seguras, uma vez que as galinhas são alimentadas com resíduos de curtumes altamente tóxicos e com antibióticos em excesso. Recentemente, um estudo da Universidade de Dhaka encontrou crómio entre 249 microgramas (mg) e 4 561 mg por kg em frangos que consumiram alimentos fabricados com resíduos de curtumes, sendo o limite permitido de 10 a 60 mg. O Bangladesh costumava importar várias proteínas para misturar nos alimentos para aves de capoeira. Como estas são caras, uma parte dos fabricantes de alimentos para animais começou a utilizar proteínas produzidas a partir de resíduos de curtumes em Hazaribagh, em Daca. Mais de 200 fábricas de curtumes na zona produzem toneladas de resíduos sólidos todos os dias. O couro de vaca contém um elevado teor de proteínas. É por esta razão que os produtores de alimentos para animais têm como alvo os resíduos de curtumes. Mas como as indústrias utilizam crómio e outros produtos químicos no curtimento do couro, estes permanecem nos alimentos preparados para as aves de capoeira. Grandes quantidades de restos de couro curtido e de pó de barbear gerados nas fábricas de curtumes são inutilizáveis. Mas alguns comerciantes recolhem esses resíduos e fervem-nos e secam-nos antes de os venderem a intermediários. Os intermediários moem depois os resíduos secos e fornecem-nos às fábricas de rações para aves ou aos agricultores. Munir Chowdhury, antigo diretor do departamento do ambiente, que conduziu acções judiciais móveis em Hazaribagh em 2011, disse que os comerciantes embalam o material com vários rótulos locais e estrangeiros e distribuem-no por todo o país. O crómio entra assim na cadeia alimentar. A quantidade excessiva de crómio pode ser transportada dos alimentos para aves de capoeira para o corpo humano através do frango, provocando efeitos cancerígenos nos seres humanos, como cancro, úlcera, cirrose hepática e lesões renais. Outra investigação conduzida pelo Conselho de Investigação Agrícola do Bangladesh (BARC) em 2012 e 2013 indicou que cerca de 48% dos alimentos para aves de capoeira contêm resíduos de curtumes. Também detectou antibióticos nos ovos e nas galinhas muito para além do limite aceitável. No entanto, os proprietários de fábricas de alimentos inteligentes tentam melhorar o valor dos seus alimentos utilizando hormonas de crescimento e antibióticos, o que é fortemente proibido pela lei relativa aos alimentos para animais. Isto é totalmente inaceitável. Pela ganância de alguns, não pode ser a nação inteira a sofrer. Queremos livrar-nos dos alimentos tóxicos. O governo tem de atuar imediatamente (Sharifuzzaman Sharif, secretário-geral do organismo de cidadãos Nagorik Samhati, The Daily Star 15 de julho de 2014). Os dados recolhidos junto de 100% dos agricultores mostram que 94% dos agricultores enfrentam problemas de flutuação do preço de produção.

Não existe regulamentação para fixar o preço dos alimentos para animais. Temos de melhorar as matérias-primas necessárias para o fabrico de alimentos para animais. O milho e a soja que obtemos do cultivo em algumas zonas do nosso país não são suficientes para satisfazer as necessidades do proprietário da fábrica de rações. O DCP, as vitaminas, os minerais, as enzimas e os aminoácidos importados são de qualidade muito inferior e, até à data, a autoridade do Governo não procedeu ao controlo da qualidade, o que constitui uma violação da lei relativa aos alimentos para animais. O DCP é a principal fonte de Ca e P. Uma vez que o DCP e a gordura animal estão a ser utilizados indiscriminadamente nas fábricas de alimentos para animais, não sabemos de que tipo de animal está a ser utilizado. Ao recolhermos dados no terreno, descobrimos que a banha de porco e as farinhas de carne e de ossos afectadas pelas EET estão a ser utilizadas na indústria de produção de alimentos para animais, o que equivale a uma violação da legislação em vigor em matéria de alimentos para animais. Enquanto país de maioria muçulmana, temos de controlar rigorosamente esta situação no que respeita à carne, ao leite e aos ovos halal.

Quadro 4.18 Conhecimento e perceção dos agricultores sobre o ato de alimentar

Particularidades	Sim (%)	Não (%)	Classificações
Alimentação do mosto disponível ou não	56	44	1
O peso líquido é ou não indicado nos alimentos embalados	52	48	2
Verificar o prazo de validade da embalagem do alimento ou não	47	53	3
Indicação ou não do nome dos ingredientes e das percentagens	42	58	4
Comprar e produzir ingredientes disponíveis localmente para a alimentação de animais e aves	40	60	5
Os preços dos alimentos para animais por saco são flutuantes ou não	39	61	6
O ato de alimentação é conhecido ou não	37	63	7
As utilizações dos resíduos de curtumes proibidos na alimentação animal são conhecidas ou não	35	65	8
Enfrentar ou não o problema da escassez de vacinas e de alimentos para animais	34	66	9
Obter experiência com coccidiostático, antibiótico, probiótico misturado com ração ou não	34	66	9

O mosto foi ou não utilizado em alimentos prontos para consumo	34	66	9
O peso da ração por saco é flutuante ou não	31	69	10
O número do lote é indicado para identificar os alimentos para animais ou não	30	70	11
Preferir ou não rações peletizadas	28	72	12
Comprar alimentos prontos para consumo sem antibióticos e promotores de crescimento, utilizando-os ou não	25	75	13

4.6.2 Conhecimentos sobre o ato de alimentar os concessionários e distribuidores

O conhecimento da lei relativa aos alimentos para animais por parte dos comerciantes e distribuidores é apresentado na Figura 4.11. É alarmante o facto de 70% dos comerciantes e distribuidores não conhecerem a lei relativa aos alimentos para animais. Trinta por cento dos concessionários e distribuidores são informados da lei relativa aos alimentos para animais, dos quais apenas 12% são funcionários do Govt. A demonstração no terreno só é utilizada por 1,4% e a formação por 5,7% para a divulgação da lei relativa aos alimentos para animais, o que é muito alarmante. A maioria (70%) dos comerciantes e distribuidores ignora totalmente a lei relativa aos alimentos para animais (Figura 4.11). Os funcionários do Governo que deveriam ter o dever de dar a conhecer a lei dos alimentos para animais aos comerciantes e distribuidores, tal como é salientado na lei dos alimentos para animais, não o fazem por serem desonestos, corruptos e não patriotas. A autoridade governamental deve avançar para controlar as actividades dos funcionários governamentais relacionadas com a aplicação da lei relativa aos alimentos para animais. Verificou-se que os funcionários de base estão relutantes em cumprir o seu dever na aplicação da lei relativa aos alimentos para animais. Se os comerciantes e distribuidores conhecessem corretamente a lei, poderiam exercer a sua atividade em conformidade com a lei relativa aos alimentos para animais, de modo a garantir uma alimentação segura. Consequentemente, muitas pessoas que sofrem de doenças renais e hepáticas poderiam ter sido facilmente ultrapassadas.

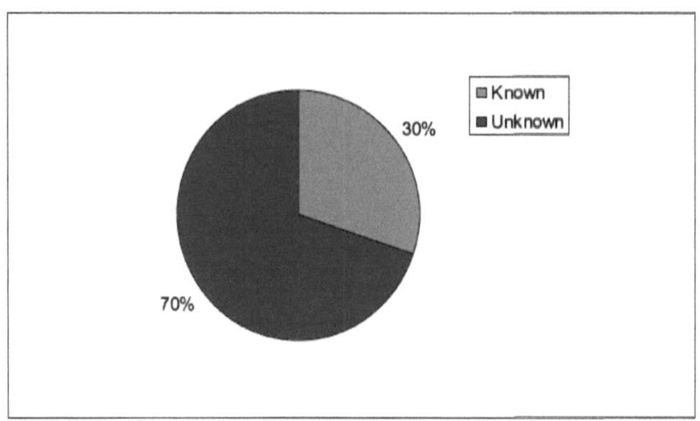

Figura 4.11 Conhecimentos sobre o ato de alimentar os concessionários e distribuidores.

Quadro 4.19 Formas de familiaridade dos comerciantes e distribuidores com a lei dos alimentos para animais

Particulars		Frequency	Percent
Known	Attending training	4	5.7
	Mass media	7	10.0
	Govt. personnel	9	12.9
	Field demonstration	1	1.4
Total known		**21**	**30**
Unknown	Lack of awareness	3	4.3
	Lack of access to training	6	8.6
	Mass media	3	4.3
	Less contact govt. personnel	10	14.3
	Others	27	38.6
Total unknown		**49**	**70**
Total		**70**	**100.0**

O quadro 4.20 mostra os conhecimentos e a perceção dos comerciantes e distribuidores em relação ao ato de alimentar. Mais de 60% opinaram que os comerciantes e distribuidores preferem vender rações em pellets do que rações a granel. Reconheceram ao entrevistador que, a partir do peso líquido da fábrica de rações, da data de produção e da data de validade, o nome dos ingredientes e as percentagens foram mencionados nas rações embaladas. A alimentação esperada requer informações exactas sobre o valor nutricional dos alimentos, a fim de desenvolver estratégias de alimentação adequadas para diferentes animais em várias fases de crescimento (Babic & Peric, 2011). Mais de 40% dos inquiridos afirmaram negativamente que os preços dos alimentos por saco variavam e que o número de registo, a condição de estanqueidade, a embalagem e o recipiente permitidos e o código de identificação da origem dos ingredientes estavam inscritos na embalagem dos alimentos. Mais de 50% dos alimentos para animais são sempre encontrados ad libitum. Estão a vender alimentos prontos sem probióticos, antibióticos e promotores de crescimento. Mais de 60% dos inquiridos informaram que o número de lote não está escrito para identificar os alimentos para animais. A comercialização de alimentos para animais não é autorizada se os requisitos consagrados na política não constarem praticamente do saco do alimento. Mais de 70% dos inquiridos afirmaram que os alimentos de malha não têm sido utilizados em alimentos prontos porque os agricultores querem que os alimentos estejam sempre prontos a utilizar. Por outro lado, para fazer puré de ração, os ingredientes necessários têm de ser comprados separadamente e misturados. O agricultor tem de enfrentar obstáculos com diferentes factores relacionados com a flutuação do valor de mercado de cada ingrediente e a falta de uma mistura adequada, o que resulta num crescimento anormal do desempenho das aves vivas. Os alegados infractores que cometeram infracções como a violação da lei relativa aos alimentos para animais devem ser inafiançáveis e reconhecíveis e a pena deve ser aumentada para além da atual pena de prisão de um ano e a sanção deve ser de 50000 Taka. Mais de 80% dos vendedores e distribuidores responderam que o funcionário autorizado não visitou as explorações agrícolas e não recolheu amostras para testes de qualidade. O inspetor não visitou as empresas para destruir os alimentos podres, insalubres, adulterados e poluídos, o que deveria ser um trabalho de rotina para um inspetor. Deveriam ser obrigados a cumprir a ordem de atrair alimentos para animais, mas não estão a cumprir a lei. Se visitassem e destruíssem rotineiramente os alimentos podres e adulterados, não se atreveriam a utilizá-los. Afirmaram ainda que os alimentos com prazo de validade expirado não estão esgotados. Mas foram vendidos pouco, ou seja, 12%, e deveriam baixar para 0, tendo em conta os riscos para a saúde da atual geração. Apenas 10% dos distribuidores afirmaram que foram utilizados resíduos de curtumes nos alimentos para animais, o que é muito alarmante. O povo do nosso país deve enviar uma mensagem aos comerciantes e distribuidores no sentido de que, se a sua utilização não for travada através da aplicação da lei, eles farão justiça com as próprias mãos.

Quadro 4.20 Conhecimentos e perceção dos comerciantes e distribuidores relativamente ao ato de alimentar

Particularidades	Sim (%)	Não (%)	Classificação

Preferir ou não rações peletizadas	77	23	1
O peso líquido é ou não indicado nos alimentos embalados	73	27	2
A data de produção e a data de validade são ou não mencionadas nos alimentos embalados para animais	66	34	3
Indicação ou não do nome dos ingredientes e das percentagens	60	40	4
Os preços dos alimentos para animais por saco são flutuantes ou não	54	46	5
Se as suas embalagens de alimentos para animais têm ou não um número de registo, se estão hermeticamente fechadas, se a embalagem e o recipiente são permitidos, se há ou não um código de identificação da fonte dos ingredientes	53	47	6
A alimentação do mosto encontra-se disponível ou não	46	54	7
Compra e venda de alimentos prontos para consumo sem probiótico, antibiótico e promotor de crescimento	43	57	10
O número de lote é dado para identificar os alimentos para animais ou não	40	60	12
A comercialização de alimentos para animais não é permitida se os requisitos supramencionados não constarem da embalagem, sejam eles conhecidos ou não	39	61	13
O peso da ração por saco é variável?	30	70	17
Indicação ou não do número do lote para identificação dos alimentos para peixes e animais	30	70	18
O mosto foi ou não utilizado em alimentos prontos para consumo	29	71	19
A infração cometida por violação da lei relativa aos alimentos para animais é passível de fiança e não é reconhecível	23	77	21
Pena de 50 000 tokens ou 1 ano de prisão na cadeia, suficiente para cometer ou não uma infração ao abrigo desta lei	21	79	22

Qualquer funcionário autorizado visitou e recolheu amostras para testes de qualidade	13	87	23
Visita de um inspetor à sua empresa para destruir alimentos podres, insalubres, adulterados e poluídos	13	87	24
A data de validade dos alimentos para animais está a ser vendida ou não	12	88	25
Os resíduos de curtumes como fonte de concentrado proteico que é mantido na sua loja	10	90	26

4.6.3 Conhecimento e perceção dos proprietários de fábricas de alimentos para animais sobre a lei dos alimentos para animais

O Bangladeche é um país deficitário em alimentos para animais. Atualmente, existem cerca de 250 fábricas de rações registadas no nosso país (Uddin, 2014). Estas fábricas de rações não produzem quantidades suficientes de rações. Considerando a atual taxa de crescimento das aves de capoeira, do gado bovino e da aquicultura, as necessidades anuais estimadas de alimentos compostos para animais seriam de 10,60 milhões de toneladas em 2020-21. A produção anual aproximada de alimentos para animais de diferentes indústrias comerciais de alimentos para animais é de 2 milhões de toneladas de alimentos compostos por ano no país. Por conseguinte, de acordo com a estimativa da sua capacidade de produção atual, revela-se que a produção de alimentos compostos para animais satisfará apenas 26,11% das necessidades totais em 2020-21 (Uddin, 2014). Por conseguinte, isto indica o potencial da produção de alimentos compostos para animais no país no futuro.

O quadro 4.21 mostra que 58% dos proprietários de fábricas de alimentos para animais tiveram conhecimento da lei relativa aos alimentos para animais através do pessoal do Governo. Os dados mostram claramente que é necessário fazer mais para sensibilizar os proprietários de fábricas de rações para a lei relativa aos alimentos para animais.

Quadro 4.21 Formas de familiarização do proprietário da fábrica de alimentos para animais com a lei dos alimentos para animais

Particular	Frequência	Percentagem
Participar em acções de formação	0	0
Meios de comunicação social	5	42
Conhecido		
Governo, pessoal	7	58

Demonstração no terreno	0	0
Total conhecido	**12**	**100**

Apesar de ser um elo importante na cadeia de produção animal, a indústria de alimentos para animais é importante para ajudar a garantir a segurança dos alimentos para consumo humano e, para isso, os produtores devem aderir às boas práticas de fabrico na aquisição, manuseamento, armazenamento, processamento e distribuição de alimentos para animais (FAO e OMS, 2008). A existência da associação é essencial para proteger os interesses da indústria de alimentos para animais no país e é também responsável por garantir a qualidade e a segurança dos alimentos compostos para animais (FEFAC, 2013), o que pode ser conseguido através da definição de regras claras e de boas directrizes de fabrico que garantam a autorregulação e uma melhor regulamentação governamental ao longo da cadeia de abastecimento (Louw *et al.,* 2013). No quadro 4.22 são apresentadas diferentes variáveis sobre o conhecimento e a perceção dos proprietários de fábricas de rações sobre a Lei da Alimentação Animal. Centésimos por cento dos proprietários de fábricas de rações afirmaram ter conhecimentos sobre a restrição da importação de farinha de carne e ossos de suíno, a percentagem de ingredientes escritos em sacos, o facto de os resíduos de curtumes não deverem ser utilizados como fonte de proteínas, a destruição de alimentos adulterados/podres, a autoridade de controlo dos alimentos para animais, a proibição total da comercialização de alimentos para animais sem licença, a lei que restringe a não adulteração dos alimentos para aves de capoeira e a lei relativa aos alimentos para aves de capoeira promulgada pelo governo. Cerca de 92% dos proprietários de fábricas de rações têm conhecimento da proibição de rações nocivas ou adulteradas. Noventa por cento dos proprietários de fábricas de rações sabem que o número de lote indicado num saco garante a identificação dos alimentos para animais. Oitenta e três por cento dos proprietários de fábricas de rações sabem que os alimentos para animais isentos de radioatividade devem ser certificados durante a importação e anexados a um documento de fornecimento obrigatório. Oitenta e três por cento dos fabricantes de alimentos para animais têm conhecimentos sobre a qualidade dos alimentos para animais que devem ser assegurados às aves de capoeira à luz da política, mas na realidade não estão a produzir alimentos de qualidade, o que constitui um problema emergente para a saúde humana. O estudo mais recente de El-Sayed (2014) sobre a indústria egípcia de rações para aquicultura revelou alguns dos problemas que caracterizam os sectores da alimentação animal nos países em desenvolvimento, a saber: mais de metade dos produtores de rações não efectuam análises de proximidade, 60% dos produtores não recebem inspecções de controlo de qualidade e menos de metade das amostras analisadas correspondem aos valores registados nos rótulos. A compreensão da abordagem da cadeia de valor oferece uma oportunidade para avaliar iniciativas de intervenção integradas no sector dos alimentos para animais. O uso da cadeia de valor torna isso possível ao reconhecer que os alimentos compostos formam apenas um único componente da cadeia de valor, enquanto a melhoria da produtividade animal através da melhoria da alimentação depende da eficácia de toda a cadeia de valor (Ayele *et al.*, 2012). Também estão bem equipados com o conhecimento de que 83% da produção, transformação e comercialização de alimentos adulterados foi totalmente proibida na lei dos alimentos para animais. Quase todos os produtores de alimentos para animais se queixam de que os criminosos não são perseguidos. Pretendem que os criminosos que estão a preparar alimentos adulterados para animais sejam presentes a tribunal para que sejam punidos exemplarmente e desencorajados de cometer este tipo de crimes. O tribunal deveria ter um espírito judicial ao proferir os seus acórdãos, de modo a que os criminosos não possam escapar ao castigo. Oitenta e três por cento dos produtores de alimentos para animais referiram que é obrigatório manter a qualidade dos alimentos para animais. Setenta e cinco por cento dos produtores de alimentos para animais responderam positivamente à mistura de probióticos, antibióticos, promotores de crescimento e coccodiostáticos nos alimentos para animais. Os aditivos utilizados nas rações comerciais representam 11,5%, ou seja, cerca de 70 000 toneladas de aditivos utilizados anualmente nas rações comerciais (Uddin, 2014). Os principais aditivos para a alimentação animal são: aglutinante de toxinas, inibidor de bolores, enzimas, aminoácidos sintéticos e vitaminas, pré-misturas para a alimentação animal, pré-misturas de vitaminas e minerais, minerais vestigiais, ácidos orgânicos e probióticos, anti-salmonela, antibiótico para uso terapêutico através de alimentos para animais (o antibiótico como promotor de crescimento é estritamente proibido de usar nos alimentos para animais de acordo com a Lei dos Alimentos para Animais (2010). A maior parte dos aditivos para alimentação animal foi importada pelas empresas de saúde e pelas fábricas de rações. Os principais ingredientes dos alimentos para animais que foram importados pelas fábricas de rações comerciais são Farinha de carne e ossos, fosfato dicálcico, fosfato monocálcico, farinha de peixe, concentrados proteicos, farinha de peixe seca em fluxo, farinha de soja, onde cerca de 50% é produzido localmente agora (Uddin, 2014).

A pessoa responsável pela utilização de antibióticos, promotores de crescimento, esteróides e insecticidas deve ser levada a julgamento. As infracções cometidas ao abrigo desta lei são de natureza inafiançável e não reconhecível, pelo que devem ser imediatamente transformadas em formas inafiançáveis e reconhecíveis. Se alguém que comete crimes ao abrigo da lei relativa aos alimentos para animais for libertado sob fiança, será encorajado a cometer este tipo de crimes uma e outra vez, a utilização de alimentos para aves de capoeira adulterados é restrita, sabe-o muito bem. A mesma percentagem de fabricantes de rações respondeu que existe ração em puré, mas que produzem pellets a partir de ração em puré. Um grande número de grandes explorações de criação de poedeiras utiliza ração em puré, recolhendo milho, soja, polimento de arroz, bagaço de óleo de til e outros do mercado. Setenta e cinco por cento dos agricultores responderam que a data de produção, a data de validade e o peso líquido são mencionados nas rações embaladas. Quarenta e dois por cento dos moleiros declararam que a farinha de ossos isenta de EET está a ser importada do estrangeiro por um veterinário autorizado do país em causa. Surtos como a encefalopatia espongiforme bovina (EEB), a *Escherichia coli* e *a Salmonella* sublinharam a importância da indústria dos alimentos para animais na saúde pública e, embora algumas medidas curativas possam ser simplesmente a melhoria da formação do pessoal nas fábricas de alimentos para animais (FAO e OMS, 2008), cinquenta e oito por cento dos moleiros afirmaram que são utilizados insecticidas nos alimentos para animais. A utilização de insecticidas nas rações é anti-higiénica para as aves de capoeira e para a saúde humana. Cinquenta por cento dos produtores afirmaram que as farinhas de carne e de ossos são importadas de fontes animais não identificadas; a licença será cancelada e cessará se forem encontrados ingredientes inaceitáveis ou nocivos nos alimentos e o governo pode tomar qualquer medida para a resolução do recurso. As farinhas de carne importadas de países estrangeiros devem ser autorizadas por um veterinário. Sem licença, nenhum fabricante de alimentos para animais está autorizado a produzir, processar e comercializar alimentos para animais totalmente proibidos mencionados na política. Cinqüenta e oito por cento dos moinhos responderam negativamente que o governo não está incentivando a importação de soja e o estabelecimento de moinhos de soja para usar a farinha de soja como ração animal. O Governo deveria importar do estrangeiro moinhos de soja totalmente alimentados. Após a importação e a extração do óleo de soja, o restante é utilizado como farinha de soja na indústria de alimentos para animais. A este respeito, o Governo deveria tomar a iniciativa de instalar uma máquina de extração de óleo. Cinquenta e oito por cento dos produtores responderam também negativamente ao facto de a DLS não estar a tomar as medidas necessárias para preservar a qualidade dos alimentos para aves de capoeira e dos ingredientes para alimentação animal. O mesmo percentual de moleiros afirmou que as infracções cometidas ao abrigo desta lei não deviam ser passíveis de fiança ou de reconhecimento, não sendo suficiente uma pena de 50 000 Tk ou um ano de prisão para cometer uma infração ao abrigo desta lei. As infracções cometidas ao abrigo desta lei são de natureza afiançável e não reconhecível. Deve ser imediatamente transformada em infração inafiançável e cognoscível. Se alguém que comete crimes ao abrigo desta lei for libertado sob fiança, será encorajado a cometer este tipo de crimes repetidamente. A pena de 5000 BDT ou de um ano de prisão por violação da lei relativa aos alimentos para animais não é suficiente e deveria ser muito mais elevada. Se um homem for condenado e sentenciado à força pelo assassínio de uma única pessoa através de alimentos adulterados para animais, quando está a matar muitas outras pessoas que são afectadas indiretamente por doenças graves, deveria ser enforcado até à morte. Trinta e três por cento dos moleiros afirmaram que a venda de alimentos para animais com prazo de validade expirado é livre. É desencorajador o facto de 75% dos moleiros não explorarem a utilização de ingredientes não convencionais na formulação dos alimentos para animais. A flutuação do peso dos alimentos para animais em sacos foi comentada por 40% dos produtores de alimentos para animais, as autoridades pecuárias não dão autorização por escrito a qualquer pessoa lesada para intentar uma ação em tribunal e os produtores de alimentos para animais não cumprem a lei relativa aos alimentos para animais. A política adoptada, segundo a qual qualquer pessoa lesada que pretenda intentar uma ação deve obter a aprovação prévia das autoridades responsáveis pela pecuária, mediante consentimento escrito, constitui uma violação do artigo 27.º da Constituição da República Popular do Bangladesh, que refere claramente que todos os cidadãos são iguais perante a lei.

Quadro 4.22 Conhecimentos e perceção dos proprietários de fábricas de alimentos para animais sobre a Lei dos Alimentos para Animais

Particularidades	Sim (%)	Não (%)	Classificação
Conhecer as restrições à importação de farinhas de carne e ossos de suíno	100	0	1
Percentagem de ingredientes que estão escritos no saco pronto para venda é exacta ou não	100	0	1
Conhecimento sobre o facto de os resíduos de curtumes não deverem ser utilizados como fonte de proteínas	100	0	1
Os alimentos adulterados/apodrecidos estão a ser destruídos	100	0	1
Conhecimentos sobre a autoridade de controlo dos alimentos para animais	100	0	1
Conhecimentos sobre a autoridade de licenciamento dos alimentos para animais	100	0	1
Conhecimentos sobre a transformação e comercialização de alimentos para animais sem licença são totalmente proibidos	100	0	1
Em conformidade com a lei que restringe a não adulteração de alimentos para aves de capoeira	100	0	1
Em conformidade com a lei relativa aos alimentos para aves de capoeira promulgada pelo governo	100	0	1

São proibidos os alimentos para animais reconhecidamente nocivos ou adulterados	92	8	2
O número de lote é atribuído para identificar os alimentos para animais	90	10	3
Os alimentos para animais isentos de radioatividade devem ser certificados durante a importação e anexados ao documento de fornecimento é obrigatório	83	17	4
É indispensável ter conhecimentos sobre como garantir a qualidade dos alimentos para animais	83	17	4
A produção, comercialização e transformação de alimentos para animais nocivos e adulterados é totalmente conhecida	83	17	4
É obrigatório o conhecimento das normas aplicáveis aos alimentos para animais	83	17	4
É proibida a utilização de antibióticos, hormonas de crescimento e coccidiostáticos nos alimentos para animais	75	25	5
Se o feed de malha está disponível na sua mão ou não	75	25	5
A data de produção e o prazo de validade são mencionados nos alimentos para animais embalados	75	25	5
O peso líquido é ou não indicado nos alimentos embalados	75	25	5
A farinha de carne e ossos certificada como isenta de EET é importada da autoridade veterinária do país exportador	58	42	6
O inseticida está a ser utilizado nos alimentos para animais	58	42	6
As farinhas de carne e de ossos são importadas de fontes não identificadas de animais	50	50	7
A licença é cancelada e cessada se forem detectados ingredientes inaceitáveis ou nocivos nos alimentos para animais conhecidos	50	50	7
Em caso de cancelamento da licença ou de adiamento Govt, está a tomar alguma medida para a resolução do recurso	50	50	7
O Governo incentiva a importação de soja e a criação de moinhos de soja para utilizar a farinha de soja como	42	58	8

alimento para animais			
Conhecimentos sobre a lei dos alimentos para animais ainda por aplicar	42	58	8
O Governo, ou a direção/organização designada pelo Governo, está a tomar as medidas necessárias para preservar a qualidade dos alimentos para animais e dos seus ingredientes	42	58	8
As infracções cometidas ao abrigo desta lei devem ser passíveis de fiança, não reconhecíveis ou não	42	58	8
A pena de 50 000 tokens ou 1 ano de prisão é suficiente para punir a prática de uma infração ao abrigo desta lei	42	58	8
Os alimentos para animais com prazo de validade expirado estão a ser vendidos a si	33	67	9
Utilização de ingredientes não convencionais que estão disponíveis localmente nos alimentos para animais	25	75	10
O peso da ração por saco é flutuante ou não	8	92	11

4.6.4 Conhecimento e perceção dos OLU/OLD sobre as diferentes componentes da lei relativa aos alimentos para animais

O quadro 4.23 mostra os conhecimentos e a perceção dos OIT/DLO sobre as diferentes componentes da lei relativa aos alimentos para animais. Mais de 90% dos funcionários do sector pecuário estão informados sobre a lei relativa aos alimentos para animais e a lei relativa aos veterinários, a tal ponto que dão fórmulas para os alimentos para animais e sugestões de gestão dos alojamentos aos agricultores. Conhecem a lei dos médicos veterinários em vigor, mas não podem seguir o trabalho de rotina de acordo com a lei. Se a seguissem, os agricultores não se sentiriam encorajados a visitá-los. Mais de 70% dos funcionários sugerem que estão a trabalhar para manter o padrão de alimentação dos pintos, seguir o padrão internacional em caso de utilização de probióticos e antibióticos, manter o período de retirada de medicamentos na sua prescrição e seguir a lei da alimentação. Embora estejam a dizer que estão a manter, na realidade não o fazem.

Quadro 4.23 Conhecimentos e perceção dos OLU/OLD sobre a lei da alimentação

Particularidades	Sim (%)	Não (%)	Classificação
Dar sugestões de fórmulas alimentares e de gestão do alojamento ao agricultor	100	0	29

Conhecimentos sobre a lei dos médicos veterinários	95	5	26
Conhecimentos sobre a lei dos alimentos para animais	90	10	23
Médico veterinário registado ou não	80	20	15
Trabalhar para manter a qualidade da alimentação dos pintos	79	21	14
Seguir as normas internacionais no caso da utilização de vitaminas, minerais, enzimas e antibióticos	77	23	13
Manter o intervalo de segurança dos medicamentos prescritos	74	26	9
Seguir o ato de alimentação	72	28	8

4.6.5 Regressão logística binária para o conhecimento dos agricultores sobre o ato de alimentar

O quadro 4.24 apresenta a regressão logística binária para os conhecimentos dos agricultores sobre a lei dos alimentos para animais. Neste caso, o conhecimento sobre a lei relativa aos alimentos para animais é considerado como variável binária (variável dependente) e as outras variáveis como variáveis endógenas. O quadro revela que nenhuma destas variáveis endógenas tem um efeito significativo no conhecimento dos agricultores sobre a lei dos alimentos para animais, exceto a educação, com um p<0,05. Assim, os agricultores com formação académica têm maior probabilidade de conhecer a lei relativa aos alimentos para animais. A realização de um teste de proporção de uma amostra (teste Z) permite concluir facilmente, em relação à população de agricultores de uma determinada zona, que menos de 50% dos agricultores têm conhecimentos sobre a lei relativa aos alimentos para animais. É evidente que os agricultores com formação académica que têm conhecimentos sobre a lei relativa aos alimentos para animais são incentivados a exercer esta atividade.

Quadro 4.24 Regressão logística binária para os conhecimentos dos agricultores sobre o ato de alimentar

Variáveis	B	S.E.	Wald	Valor P	Exp(B)
Idade	.002	.018	.010	.919	1.002
Educação	.086	.041	4.431	.035	1.090
Tamanho da família	-.019	.143	.018	.895	.981
Rendimento anual	.000	.000	.763	.382	1.000
Experiência agrícola	.027	.031	.736	.391	1.027

| Constante | -1.828 | 1.261 | 2.103 | .147 | .161 |

*P< 0,05 = Significativo

4.7 Conhecimento e perceção dos diferentes intervenientes sobre a política de desenvolvimento da avicultura

4.7.1 Conhecimento dos agricultores sobre a política de desenvolvimento avícola

O quadro 4.25 mostra os conhecimentos dos agricultores sobre a política de desenvolvimento das aves de capoeira. Setenta e dois por cento dos agricultores têm conhecimentos sobre esta política. Mais de 60% dos agricultores estão familiarizados com a biossegurança e asseguram que a primeira vacina é administrada ao pintinho de um dia no momento da entrega. A classificação dos pintos, que está prevista na política, e a boa qualidade dos pintos foram fornecidas pelo incubatório à exploração. A opinião de 50% a 70% dos agricultores é que estão cientes das questões incluídas na política, tais como o peso corporal padrão dos pintos de um dia, receberam formação para a criação de aves de capoeira, enfrentam problemas de obtenção de DOC, pintos isentos de salmonelose, receberam qualquer apoio na produção de fertilizante orgânico a partir de resíduos de aves de capoeira e a visita de um veterinário à exploração para vigilância não é assegurada pela autoridade. O diário Samokal (16 de fevereiro de 2016) referiu que o preço do DOC é muito elevado. O agricultor tem de comprar DOC para poedeiras por BDT 115 por pinto. De acordo com este relatório, a procura semanal de DOC no Bangladeche é de cerca de um crore, a procura diária de ovos é de 2,25 crore e a procura diária de carne de frango é de 1700 toneladas. Mais de 70% a 96% dos agricultores responderam negativamente sobre a existência de um mercado especial saudável para a venda de aves e produtos avícolas, se receberam algum apoio para a produção de fertilizante orgânico a partir de resíduos avícolas, se tomaram conhecimento da agricultura biológica mencionada na política avícola, demonstração de explorações avícolas, apoio à criação de aves domésticas e comerciais, assistência do BLRI/DLS para confirmar a qualidade dos medicamentos e vacinas, informação sobre a restrição à venda de aves vivas na cidade, apoio à análise de alimentos por nutricionista e observação da semana nacional das aves de capoeira.

Quadro 4.25 Conhecimentos dos agricultores sobre a política de desenvolvimento das aves de capoeira

Particularidades	Sim (%)	Não (%)	Classificação
Conhecimentos sobre a política de desenvolvimento da avicultura	72	28	1

Informações sobre biossegurança para a sua exploração agrícola	68	32	2
A vacina 1st é administrada ao DOC durante o parto dos pintos ou não?	66	34	3
A classificação dos pintos é adoptada ou não	60	40	4
Comprar ou não pintos de boa qualidade	57	43	5
Obter ou não o peso corporal padrão dos pintos do dia	47	53	6
Recebeu ou não qualquer formação sobre criação de aves de capoeira	47	53	6
Enfrentar o problema de obter ou não o DOC	37	63	7
Frango comprado ou não livre de salmonelose	32	68	8
Visita de um veterinário à sua exploração para vigilância ou não	31	69	9
Conhecimento de um mercado especial e saudável para a venda de aves e produtos avícolas	28	72	10
Receber qualquer apoio na produção de fertilizante orgânico a partir de resíduos de aves de capoeira	27	73	11
Conhecimentos sobre a agricultura biológica mencionados na política avícola	26	74	12
Qualquer demonstração apresentada para uma exploração avícola	25	75	13
Qualquer apoio à criação doméstica e comercial de aves de capoeira	21	79	14
Assistência do BLRI/DLS para confirmar a qualidade dos medicamentos e das vacinas	19	81	15
Informações sobre a restrição da venda de aves vivas na cidade	16	84	16
Qualquer apoio recebido do nutricionista para a análise dos alimentos para animais	13	87	17
Observar ou não a semana nacional das aves de capoeira	4	96	18

4.7.2 Conhecimentos e perceção dos comerciantes e distribuidores em relação à política de desenvolvimento das aves de capoeira

O quadro 4.26 mostra os conhecimentos e a perceção dos comerciantes e distribuidores relativamente à política de desenvolvimento das aves de capoeira. A maioria (77%) dos comerciantes e distribuidores prefere a utilização de rações em pellets nas aves de capoeira como ração pronta do que a ração em malha. Entre 60% e 73% responderam positivamente ao facto de o peso líquido, a data de produção e a data de validade, o nome dos ingredientes e as percentagens serem indicados nos alimentos embalados. Mais de 50% dos inquiridos responderam que os preços dos alimentos para animais por saco flutuam e que as embalagens de alimentos para animais têm um número de registo, um estado hermético, um pacote e um recipiente autorizados e um código de identificação da origem dos ingredientes incluídos na embalagem. O preço das matérias-primas para aves de capoeira aumentou acentuadamente no mercado internacional. Naturalmente, os custos de produção também aumentaram. Gopalkrishnan e Mohanlal (2013) argumentam que os custos de alimentação representam 65 a 75% do custo total da produção comercial de aves de capoeira, dependendo principalmente dos custos relativos dos constituintes da alimentação, da mão de obra, do alojamento e dos custos de itens diversos numa situação específica. Mais de 50% comentam negativamente a disponibilidade de ração em pó, o fornecimento de pintos de boa qualidade à exploração, a promulgação da classificação dos pintos, a compra e venda de ração pronta sem antibiótico e promotor de crescimento, a entrega de pintos com 1 vacina[st] no DOC. Mais de 60% responderam negativamente sobre o facto de não ser atribuído um número de lote para identificar os alimentos para animais, de ser permitida a comercialização de alimentos para animais sem cumprir os requisitos da política, de não se obter coccidiostático, antibiótico e probiótico da fábrica de alimentos para animais, de não se enfrentar o problema da escassez de vacinas, pintos ou alimentos para animais e de não se comprar e vender pintos isentos de salmonelose, o que, na realidade, é o oposto no mercado. Mais de 70% dos inquiridos responderam que o peso da ração por saco não varia, que o número do lote não é indicado para identificar a ração das aves de capoeira, que não foram utilizados alimentos de malha na ração pronta, que não compram nem vendem ingredientes disponíveis localmente para a ração das aves de capoeira, que a infração cometida por violação da lei relativa à ração deveria ser inafiançável e cognoscível e que a multa por sanção ascendia a Tk. 50 000 ou a pena de um ano de prisão na cadeia é suficiente para cometer uma infração ao abrigo desta lei, mas não ao nível esperado, pelo que deveria ser aumentada. Mais de 80% disseram que os funcionários autorizados não visitaram e recolheram amostras para testes de qualidade, o inspetor não visitou a empresa para destruir alimentos podres, insalubres, adulterados e poluídos, os alimentos com prazo de validade expirado não são vendidos aos agricultores e os resíduos de curtumes como fonte de concentrado proteico não são mantidos na loja. A participação e o desempenho efectivos do sector privado requerem um ambiente propício que está a ser criado pelo governo. O sector privado será responsável pela realização de actividades comerciais, tais como a produção, a transformação e a comercialização de animais e de produtos de origem animal, serviços clínicos veterinários curativos e a importação e distribuição de factores de produção animal, a fim de desenvolver a indústria pecuária. A longo prazo, espera-se que o sector privado assuma a prestação de alguns dos serviços públicos, como a extensão, a investigação e a formação, e proporcione oportunidades de emprego (PNL, 2006-2016).

Quadro 4.26 Conhecimentos e perceção dos comerciantes e distribuidores relativamente à política de desenvolvimento das aves de capoeira

Particularidades	Sim (%)	Não (%)	Classificação
A ração peletizada é preferível ou não	77	23	1
O peso líquido é indicado no alimento embalado	73	27	2
A data de produção e a data de validade são mencionadas nos alimentos embalados	66	34	3
São indicados os nomes dos ingredientes e as percentagens	60	40	4
O preço dos alimentos para animais por saco é variável	54	46	5
A embalagem contém o número de registo, a condição de estanqueidade, a embalagem e o recipiente autorizados e o código de identificação da origem dos ingredientes	53	47	6
A alimentação do mosto encontra-se disponível	46	54	7
Fornecimento de pintos de boa qualidade à exploração	44	56	8
É decretada a classificação dos pintos	44	56	9
São comprados e vendidos alimentos prontos sem antibióticos e promotores de crescimento	43	57	10
1 A vacina[st] é administrada ao DOC durante a entrega dos pintos	41	59	11
O número de lote é atribuído para identificar os alimentos para animais	40	60	12
A comercialização de alimentos para animais não é permitida se os requisitos acima mencionados não constarem da embalagem	39	61	13
Coccidiostático, antibiótico e probiótico misturados	36	64	14

com alimentos provenientes de fábricas de rações			
Problemas de escassez de vacinas, pintos ou alimentos para animais	34	66	15
Compra e venda de pintos isentos de salmonelose	33	67	16
O peso da ração por saco é flutuante ou não	30	70	17
É atribuído um número de lote para identificar a pesca e os alimentos para animais	30	70	18
O mosto tem sido utilizado em alimentos prontos para consumo	29	71	19
A compra e venda de ingredientes disponíveis localmente para a alimentação das aves de capoeira tem sido efectuada	26	74	20
As infracções cometidas por violação da lei relativa aos alimentos para animais devem ser passíveis de fiança e de reconhecimento	23	77	21
Uma multa de 50 000 tokens ou uma pena de prisão de um ano é suficiente para cometer uma infração ao abrigo desta apólice	21	79	22
Os agentes autorizados são visitados e recolhem amostras para testes de qualidade	13	87	23
O inspetor é visitado na empresa para destruir alimentos para animais podres, insalubres, adulterados e poluídos	13	87	24
Os alimentos para animais com prazo de validade expirado estão a ser vendidos	12	88	25
Os resíduos de curtumes como fonte de concentrado proteico que é mantido na sua loja	10	90	26

4.7.3 Conhecimentos dos proprietários de incubadoras e de matrizes sobre a política de desenvolvimento avícola

A Tabela 4.27 mostra o conhecimento dos proprietários de incubadoras e matrizes sobre a política de desenvolvimento avícola. Todos os proprietários de incubadoras e de matrizes responderam de forma direta que a classificação dos pintos está em vigor, que o sistema de classificação é seguido no caso de fornecimento de pintos, e que os pintos fornecidos estão livres de doenças relacionadas com a gripe aviária. É uma boa notícia o facto de estarem a agir em conformidade, inspirados pela política de desenvolvimento avícola. No passado, houve um massacre no sector avícola devido à gripe aviária, o que levou ao encerramento das explorações, causando grandes prejuízos à indústria avícola. O complexo avícola de Biman, a maior exploração do Bangladesh, foi obrigado a encerrar as suas actividades devido à importação de pintos afectados pela gripe aviária da Tailândia. Devido à gripe aviária, a indústria sofreu perdas de cerca de 700 milhões de Tk (segundo a Associação de Criadores do Bangladeche, 2015). Tratou-se de uma perda enorme para os produtores, que não obtiveram qualquer tipo de ajuda financeira para a atenuar. Segundo o relatório da FAO (20 de abril de 2015), o Bangladeche e cinco outros países, Índia, China, Egipto, Indonésia e Vietname, têm sido afectados pelo vírus H5N1. A gripe aviária continua a ser endémica devido a serviços veterinários e de produção animal deficientes que atrasam a revelação e a gestão adequadas da infeção. Mais de 90% responderam positivamente ao facto de se familiarizarem com a política de desenvolvimento das aves de capoeira, de os pintos estarem isentos de todos os tipos de defeitos e doenças, de importarem pintos de um dia de idade e de a incubadora ser montada tendo em conta as condições de uma incubadora amiga do ambiente e de manter a biossegurança e os resíduos da incubadora serem eliminados de forma saudável. A maior parte (80%) dos proprietários de incubadoras e de matrizes conhecem os pintos de boa qualidade que lhes são fornecidos e as primeiras vacinas, como a Mareks ou a Ranikhet, são administradas nos pintos por pulverização no momento da entrega dos pintos. O proprietário da incubadora deve ter em mente se a vacinação em massa por pulverização foi efectuada de forma precisa e legal. A exploração mantém a sua biossegurança, mas há testemunhos de que aves mortas são atiradas para o espaço aberto adjacente à exploração de criação, noutros locais do país. Sessenta por cento dos proprietários de incubadoras e de matrizes afirmaram que dispõem de técnicos suficientes para fornecer vacinas. Entre 50% e 80% responderam negativamente que não estão a receber apoio para promover pintos com potencial genético no contexto do ambiente local, não estão a receber cooperação para controlar doenças transfronteiriças das aves de capoeira a nível regional e global, e que não existem matrizes e avós no âmbito da política de desenvolvimento das aves de capoeira, que indica claramente que a distância de 2 km é obrigatória para a instalação de incubadoras e matrizes. Afirmaram que o Bangladeche é um país com uma área muito pequena e a disponibilidade de terras é limitada, pelo que é muito difícil seguir a política. Com o aumento de 1,2% da população por ano e a industrialização, a área de terra vai diminuir 0,73% de ano para ano (Hasan et al, 2013).

Tabela 4.27 Conhecimentos dos proprietários de incubadoras e de matrizes sobre a política de desenvolvimento avícola

Particularidades	Sim	Não	Classificação

	(%)	(%)	
A classificação dos pintos é adoptada	100	0	1
O sistema de classificação é seguido no caso do fornecimento de pintos	100	0	1
Os pintos isentos de gripe aviária são certificados pela autoridade designada do país exportador	100	0	1
Conhecida a política de desenvolvimento das aves de capoeira	90	10	2
Os pintos estão isentos de todo o tipo de defeitos físicos e doenças	90	10	2
Os pintos de um dia de idade são importados ou não	90	10	2
Foi criada uma incubadora ecológica num local adequado para garantir a biossegurança	90	10	2
Os resíduos da incubadora são eliminados de forma saudável	90	10	2
Fornecimento de pintos de boa qualidade às explorações	80	20	3
Na altura do parto, é administrada aos pintos a primeira vacina, como a vacina contra a febre de Mareks ou a vacina contra a febre de Ranikhet	80	20	3
A biossegurança é mantida ou não	80	20	3
Técnico suficiente para fornecer a vacina	60	40	4
Apoio à promoção de pintos geneticamente potenciais no contexto do ambiente local	50	50	5
Cooperação para o controlo das doenças transfronteiriças das aves de capoeira a nível regional e mundial	30	70	6
Explorações de pais e avós a 2 km de distância de outra exploração	20	80	7

4.7.4 Conhecimento e perceção dos OLP/DLO sobre as diferentes componentes da política de produção avícola

O quadro 4.28 mostra os conhecimentos e a perceção dos OIT/DLO sobre as diferentes componentes da política de produção avícola. O que foi revelado pelos funcionários dos serviços pecuários sobre a política de desenvolvimento das aves de capoeira indica claramente que eles aconselham os agricultores sobre a fórmula da ração, dão sugestões de gestão dos alojamentos aos agricultores, conhecem a lei dos médicos veterinários, trabalham na prática na vigilância das doenças das aves de capoeira em explorações governamentais e privadas, seguem a lei dos médicos veterinários e também sabem muito bem que os veterinários não registados não estão autorizados a exercer a profissão. Seguem a lei/provisão/ordem no que se refere à criação de explorações, registo, controlo do valor alimentar, controlo de doenças e outros. Familiarizam-se com a lei dos alimentos para animais e com a política de desenvolvimento das aves de capoeira. Mais de 80% dos funcionários do sector pecuário reagiram positivamente, afirmando que estão a incentivar os agricultores a vender carne de frango e de aves de capoeira preparada em vez de vender aves vivas. Também estão a tomar iniciativas em matéria de epidemiologia, sistema de notificação e registo de doenças e programa de extensão de controlo de doenças. Aconselham os agricultores a não venderem aves vivas em caso de propagação de doenças e a manterem um protocolo de biossegurança. De 70% a 80% dos funcionários comentam positivamente que são veterinários registados, que trabalham para manter o padrão de alimentação dos pintos, medicamentos e vacinas, que estão conscientes da comercialização de aves vivas, que a biossegurança na City Corporation e na Pouroshava deve ser mencionada na política, que o efeito residual dos medicamentos não deve ter no produto avícola e que estão a mantê-lo adequadamente. Na realidade, o que afirmaram é totalmente falso e fabricado. A empresa tem um plano a longo prazo para prevenir e controlar doenças como a gripe aviária e outras doenças infecciosas. Seguem de facto as normas internacionais em matéria de utilização de probióticos e antibióticos e de cumprimento do período de retirada dos medicamentos prescritos. Até à data, sabe-se que estão a receber comissões de empresas de medicamentos de baixo nível para utilizarem os medicamentos na prescrição aos agricultores. Não se preocupam com o facto de as normas internacionais terem de ser mantidas no caso da seleção de medicamentos. Estão a correr atrás do dinheiro para enriquecerem com a comissão que recebem da empresa de medicamentos. Por isso, é uma mensagem alarmante para o nosso país, para que tenha alimentos seguros. Nos jornais diários, foi publicada a notícia de que uma empresa de medicamentos falsos foi apanhada em flagrante por uma equipa móvel enquanto fabricava medicamentos injetáveis para promoção do crescimento, comprimidos, pó e foi condenada a uma multa. Mais de 60% do pessoal do sector pecuário foi encorajado e ajudado a criar um laboratório de diagnóstico de doenças a nível privado, seguindo a política de desenvolvimento das aves de capoeira. Cinquenta e seis por cento dos funcionários permanecem alerta sobre as instalações de quarentena que foram asseguradas na política em caso de importação de animais e aconselham o agricultor a manter o método da cadeia de frio na venda de aves de capoeira preparadas. Vinte e oito e quarenta e seis por cento dos funcionários declararam que estão a tomar medidas para produzir medicamentos e vacinas para aves de capoeira e a trabalhar para o desenvolvimento do empreendedorismo ou para a exportação de produtos avícolas. Na secção 7.3.1 da política de desenvolvimento avícola, incentiva-se a formação de sociedades cooperativas com os agricultores para a comercialização. As organizações de base emergentes são importantes para o desenvolvimento do sector da pecuária. Estas organizações prestam vários serviços, tais como crédito, extensão, fornecimento de factores de produção e canais de comercialização para a produção animal. Estas organizações serão encorajadas a apoiar o aumento da produção e da produtividade, a transformação, a comercialização e a mobilização de crédito. As comunidades e o seu envolvimento organizacional são essenciais para o sucesso da implementação da política. É crucial um apoio adequado em termos de sensibilização das organizações de agricultores relativamente à política (PNL, 2006-2016).

Quadro 4.28 Conhecimentos e perceção dos OLU/OLD sobre a política de produção avícola

Particularidades	Sim (%)	Não (%)	Classificação
São dadas ou não sugestões ao agricultor em termos de fórmula alimentar e de gestão do alojamento	100	0	1
O ato do médico veterinário é conhecido ou não	95	5	2
Participação na vigilância das doenças das aves de capoeira nas explorações agrícolas a nível governamental e privado	95	5	3
A lei dos médicos veterinários é ou não respeitada	92	8	4
O veterinário não registado e não autorizado a exercer a sua atividade é conhecido ou não	92	8	5
Durante a instalação da exploração agrícola, o registo, o controlo do valor dos alimentos, o controlo das doenças e outros, a lei/provisão/ordem é ou não seguida	90	10	6
A política de desenvolvimento avícola é conhecida ou não	90	10	7
O ato de alimentação é conhecido ou não	90	10	8
O agricultor é incentivado a vender carne de frango e de aves de capoeira preparada	87	13	9
Tomar iniciativas em matéria de epidemiologia e de sistema de notificação e registo de doenças	85	15	10

Tomada de iniciativa ou não no programa de extensão do controlo das doenças	85	15	11
O agricultor é aconselhado a não vender aves vivas em caso de	85	15	12
Protocolo de biossegurança ao alcance do agricultor ou não	82	18	13
O veterinário está registado ou não	80	20	14
Trabalhar para manter o padrão de alimentação dos pintos, medicamentos e vacinas	79	21	15
Comercialização de aves vivas, biossegurança na corporação da cidade e Pouroshava mencionados na política conhecida ou não	77	23	16
O efeito residual do medicamento não deve ter no produto de aves de capoeira é mantido ou não	77	13	17
Planear a longo prazo a prevenção e o controlo de doenças como a gripe aviária e outras doenças infecciosas	77	23	18
As normas internacionais são seguidas no caso da utilização de probióticos e antibióticos	77	23	19
O período de retirada dos medicamentos é mantido na prescrição	74	26	20
A política de desenvolvimento das aves de capoeira é seguida ou não	72	28	21
Incentivar e apoiar a criação de laboratórios de diagnóstico de doenças a nível privado	69	31	22
Seguir ou não a política de desenvolvimento das aves de capoeira	67	33	23
No caso de serem ou não criadas instalações de quarentena para a importação de animais	56	44	24
O agricultor é aconselhado a manter o método da cadeia de frio na venda de aves de capoeira preparadas	56	44	25
Trabalhar para o desenvolvimento do espírito empresarial ou para a exportação de produtos avícolas	46	54	26
Tomou medidas para produzir medicamentos e	28	72	27

| vacinas para aves de capoeira | | | |

4.7.5 Regressão logística binária para os conhecimentos dos agricultores sobre a política de desenvolvimento avícola

O quadro 4.29 apresenta a regressão logística binária para os conhecimentos dos agricultores sobre a política de desenvolvimento avícola. Aqui, o conhecimento sobre a política de desenvolvimento avícola é considerado como binário (variável dependente) e as outras variáveis como endógenas. O quadro revela que nenhuma destas variáveis endógenas teve um efeito significativo (p>0,05) no conhecimento dos agricultores sobre a política de desenvolvimento avícola. Ao efetuar um teste de proporção de uma amostra (teste Z), pode concluir-se facilmente que menos de 50% da população de agricultores de uma determinada zona tem conhecimentos sobre a política de desenvolvimento avícola.

Quadro 4.29 Regressão logística binária para os conhecimentos dos agricultores sobre a política de desenvolvimento da avicultura

Variáveis	B	S.E.	Wald	Valor P	Exp(B)
Idade	-.024	.020	1.433	.231	.976
Educação	.005	.043	.016	.899	1.005
Tamanho da família	.020	.145	.019	.891	1.020
Rendimento anual	.000	.000	.094	.759	1.000
Agricultura Experiência	.003	.034	.008	.927	1.003
Constante	-.344	1.320	.068	.794	.709

P >0,05 = Não significativo

4.7.6 Regressão logística binária para concessionários e distribuidores sobre a política de desenvolvimento avícola

O quadro 4.30 apresenta a regressão logística binária para os comerciantes e distribuidores sobre a política de desenvolvimento das aves de capoeira. Neste caso, o conhecimento dos concessionários e distribuidores sobre a política de desenvolvimento das aves de capoeira é considerado como variável binária (variável dependente) e as outras variáveis como variáveis endógenas. O quadro revela que a maioria destas variáveis endógenas tem um efeito insignificante. Apenas o rendimento anual é significativo a um nível de significância de 5%, com P < 0,05. Assim, pode indicar que os distribuidores com rendimentos mais elevados têm maior probabilidade de tomar conhecimento da política de desenvolvimento avícola.

Ao efetuar um teste de proporção de uma amostra (teste Z), pode concluir-se facilmente que menos de 50% da população de comerciantes e distribuidores de uma determinada área tem conhecimentos sobre a política de desenvolvimento avícola.

Quadro 4.30 Regressão logística binária para os concessionários e distribuidores sobre a política de desenvolvimento do sector avícola

Variáveis	B	S.E.	Wald	Valor P	Exp (B)
Idade	-.023	.031	.542	.462	.977
Educação	.009	.062	.021	.885	1.009
Tamanho da família	.012	.166	.005	.941	1.012
Rendimento anual	.001	.000	5.508	.019	1.000
Agricultura Experiência	.047	.105	.204	.652	1.049
Constante	-2.403	2.186	1.209	.272	0.090

*P< 0,05 = Significativo

4.7.7 Regressão logística binária para os proprietários de matrizes e incubadoras sobre a política de desenvolvimento avícola

Cerca de 100% dos proprietários de matrizes e incubadoras têm conhecimento da lei de desenvolvimento avícola. Por conseguinte, não é possível ajustar um modelo de regressão porque o valor da variável dependente não varia consoante a unidade de amostra.

Através da realização de um teste de proporção (teste Z), pode concluir-se facilmente que menos de 50% da população de progenitores e proprietários de incubadoras têm conhecimento da política de desenvolvimento avícola.

4.8 Resultados qualitativos da discussão em grupo de foco (FGD)

Realizámos quatro discussões dos grupos de centragem com o pessoal da DLS a nível distrital como extensionistas, com o gabinete da DG da DLS como decisores políticos, com professores universitários como académicos e investigadores e, finalmente, com cientistas do BLRI como investigadores. As conclusões das discussões dos grupos de centragem são apresentadas a seguir:

Como académico:

A autoridade deve dispor de uma estratégia de aplicação adequada, porque a lei continua a ser um documento branco que ainda não foi executado. A aplicação dos actos e da política deve-se ao incumprimento da lei e a punições limitadas. Não existe uma equipa de monitorização com conhecimentos especializados. O

Governo deve formar um órgão executivo composto por académicos, investigadores, advogados, juízes, forças da ordem e pessoal do DLS para a implementação da política através da coordenação. É necessário criar uma grande iniciativa para aplicar a lei. Deve haver uma zona de abate específica, uma criação adequada dos animais e uma conceção correcta dos matadouros. Devem ser introduzidos programas curriculares nas classes VII, SSC e HSC para sensibilizar as crianças e os jovens para os efeitos negativos do leite, da carne e dos ovos adulterados. Deveria haver um programa de sensibilização/demonstração sobre doenças contagiosas como o antraz para a população local. Depois de comprar a carne, se esta for considerada adulterada, o consumidor deve pedir uma indemnização e o tribunal móvel deve propor um pacote de indemnização. Deveria haver uma demonstração dos efeitos nocivos dos produtos animais adulterados. É necessária uma instalação de refrigeração para a conservação da carne fresca, porque as bactérias nocivas aumentam muito se forem mantidas durante muito tempo sem refrigeração. Deveria haver um quadro em cada mercado para as actividades fraudulentas relativas à carne e aos produtos à base de carne. Os académicos podem desempenhar um papel importante, realizando investigação e fornecendo orientações. Os decisores políticos devem monitorizar o impacto da política. Os investigadores devem realizar mais investigação e os resultados devem ser divulgados através dos meios de comunicação social adequados. Os académicos devem desenvolver cursos sobre a política pecuária e agir e ensinar aos estudantes. Os meios de comunicação social devem desempenhar um papel importante para liberalizar a publicação de políticas, mesmo sem custos, devido à qualidade dos produtos animais e à saúde pública. A CAB deve fazer uma campanha contra as más leis. A agência responsável pela aplicação da lei deve levar os infractores a tribunal por terem cometido delitos. Os empresários do sector pecuário devem cumprir todas as leis relacionadas com a pecuária. O valor nutritivo escrito no saco é 12 a 15% inferior ao do interior. A utilização de promotores de crescimento, hormonas e antibióticos nos alimentos para animais permite ajustar a taxa de conversão alimentar. Os grandes operadores da indústria dos alimentos para animais celebram contratos com pequenas fábricas de alimentos para animais para satisfazer a procura do mercado, sem respeitar a lei relativa aos alimentos para animais. O estado de saúde dos trabalhadores dos matadouros e das instalações de transformação deve ser examinado ao fim de um certo tempo, mas não é mencionado na lei. Em caso de abate de emergência, a atual lei do abate não menciona as razões da emergência. A venda de alimentos Shawrma em Dhaka utilizou carne de aves mortas, o que foi citado por um académico. O úbere de uma vaca infestado de mastite, após tratamento com antibióticos, foi abatido por cerca de BDT 9000/- e a carne foi vendida no mercado, o que é inesperado e prejudicial à saúde. Registou-se um surto de antraz em Lalmonirhat e Sirajgonj após o manuseamento de carcaças de vacas infectadas. A pena de morte para os infractores deveria ser incluída na lei relativa aos alimentos para animais por violação desta lei. Os talhantes misturam gorduras com a carne no momento da venda, o que resulta na exploração dos consumidores. Os agricultores ignoram as fórmulas de ração prescritas, acrescentando uma dose dupla de antibiótico para obterem mais benefícios. Utilizam também antibióticos e hormonas de crescimento pouco comuns. Para isso, é necessário garantir a responsabilização dos funcionários do DLS. Deveria ser concedido um mestrado em ciência e tecnologia da carne. É necessário aperfeiçoar as leis e políticas existentes com base em estudos de casos por simulação.

Resultados das discussões dos grupos de centragem da BLRI

Deve ser formada uma célula de monitorização forte a nível da DLS para implementar a política de gado e aves de capoeira. Esta célula será composta por peritos da DLS, do BLRI, do BAU e de outras organizações afins. A política deve ser implementada passo a passo, visando um período até 2020. A defesa da implementação da política deve ser iniciada e precisa de muita publicidade para a consciencialização. É necessário publicar o videoclip sobre produtos pecuários perigosos e problemas de saúde através da rádio, televisão, jornais e outros meios de comunicação social. O poder da magistratura deve estar nas mãos dos técnicos da DLS. Deve haver um plano de ação e princípios de aplicação do plano de ação. Deve ser efectuado um trabalho de investigação com base nas necessidades e na política. Os currículos dos cursos a nível universitário devem ser reestruturados, incorporando a política e a lei da pecuária. O organismo responsável pela aplicação da lei deve ser tratado como o comité que está habilitado a tomar medidas em caso de trabalhos ilegais. Os consumidores de produtos animais que tenham sido vítimas de adulteração serão indemnizados pelos produtores e vendedores de alimentos adulterados. Os veterinários não estão a manter o período de espera durante a prescrição. Antes de proibir a utilização de antibióticos, devem ser encontrados substitutos do antibiótico, por exemplo, extractos de ervas, ácidos orgânicos, etc. Deveria haver um objetivo de proibição de antibióticos até 2020. Após a formulação da política, esta deve ser aplicada na prática. Deveria haver um laboratório sofisticado e trabalho de investigação com mão de obra especializada. Deveria haver matadouros a nível distrital. A política deve ser testada primeiro e depois revista. As sanções atualmente existentes deveriam ser aumentadas. A base de dados sobre o gado deve ser coerente. Os agricultores que têm perdas no negócio devem receber subsídios do Governo. A venda de aves vivas deve ser desencorajada.

Resultado do FGD da DLS

A política deve ser implementada passo a passo. Não deve ser implementada de imediato, pois isso prejudicará o nível de produção e, consequentemente, as pessoas sofrerão de deficiências nutricionais. Deveria haver uma campanha de sensibilização para que as pessoas conheçam as leis e políticas existentes, de modo a poderem ser mais cautelosas em relação a alimentos seguros. Só foi implementada a lei relativa aos alimentos para animais, mas ainda não foi implementada nenhuma outra lei, como a lei relativa ao abate e a política de desenvolvimento das aves de capoeira. Ainda não existem disposições/normas/regulamentos sobre esta matéria, apesar de a lei a salientar. O Governo deveria adotar esta disposição ou algo semelhante através de uma notificação oficial periódica no jornal oficial. A lei é promulgada pelo parlamento através da apresentação de um projeto de lei ao parlamento, que é aprovado por maioria de votos. Na ausência do Parlamento, o Presidente pode promulgar um decreto-lei para promulgar a lei. O Ministério do Direito do Governo pode formular uma disposição/regras ou o que for necessário para executar a política e a ação. Deveria existir uma autoridade de certificação dos alimentos para animais, em que um licenciado em zootecnia registado pudesse certificar os alimentos para animais que seriam utilizados em fábricas de alimentos para animais para fins comerciais. Se esta autoridade for criada, os consumidores obterão alimentos mais seguros, como leite, carne e ovos. Deveria existir um laboratório sofisticado com instalações de ponta para tratar das questões de segurança dos alimentos e produtos para animais. Existem poucos laboratórios acreditados que realizam análises químicas dos alimentos para animais, o que resulta em poucos dados e informações fiáveis, o que faz com que a agricultura animal tenha preços menos competitivos do que nos países desenvolvidos (de Jonge & Jackson, 2013). O processo de concessão de licenças não é claro quanto ao montante da taxa a pagar pela indústria de alimentos para animais em pequena e grande escala, devendo a taxa ser especificada e categorizada com base na capacidade de produção. O que se entende por alimentos seguros e como estar ciente sobre alimentos seguros deve ser incluído no programa de estudos existente a nível escolar. As despesas de saúde estão a aumentar de dia para dia devido ao consumo de alimentos não seguros e os médicos estão a receber mais pacientes que sofrem de insuficiência renal e problemas urológicos.

4.9 Resultados qualitativos da entrevista com informadores-chave (KII)

Recolhemos opiniões de diferentes partes interessadas, como investigadores, académicos, governos e ONGs, líderes locais, sociedade civil e pessoal do CAB, pessoal dos meios de comunicação social, advogados e banqueiros e de diferentes profissionais através de entrevistas com informadores-chave (KII). Os pontos principais das discussões dos grupos de centragem e das entrevistas com informadores-chave são discutidos abaixo:

Todos os inquiridos afirmaram que a formulação e a aplicação de políticas e actos em matéria de pecuária são encorajadoras para a produção de leite, carne e ovos seguros. Salientam a necessidade de implementar uma campanha pública de sensibilização para a política e a lei. Foi revelado que a maioria dos proprietários de gado tem tendência para obter maiores lucros com a sua atividade pecuária, em vez de comprometer a qualidade dos produtos animais. As conclusões mostram que, para registar uma queixa contra o perpetrador perante o tribunal, é necessária a autorização da autoridade designada pela DLS. Por conseguinte, qualquer pessoa interessada em apresentar uma queixa para ver os alimentos para animais adulterados não tem o direito de intentar uma ação por sua própria vontade. O pessoal da DLS deveria ter a iniciativa, nos termos da lei, de intentar uma ação, mas não está assim tão interessado em impedir as actividades criminosas de fabrico de alimentos adulterados. Eles não têm poder de magistratura. Os tribunais de magistrados encontram-se por todo o lado no Power Development Board (PDB), na Water and Sewerage Authority (WASA), na Forestry, etc. Assim, o poder de magistratura deve ser entregue à autoridade DLS para combater todos os tipos de actividades ilegais em caso de abate de animais em matadouros, preparação de alimentos em fábricas de rações e produção de pintos em incubadoras. Para implementar a política e a lei, as pessoas do DLS estão inactivas e ocupadas com a manipulação de concursos, como ser Diretor de Projeto (DP) de um projeto é o seu principal lema e não monitorizar nada, como foi citado pelo Honorável Ministro da Pecuária num workshop anual no BLRI como convidado principal (2015). Ele também mencionou no workshop que o DLS é o órgão mais corrupto para o qual o sector da pecuária não está a ser desenvolvido. A nação não vos salvará e eu também não vos pouparei, citou ele. A falta de mão de obra no DLS, a falta de formação para criar consciencialização, etc., são as principais razões para a falta de eficiência do DLS. Os decisores políticos devem desempenhar um papel fundamental na aplicação da lei e da política. Como a política e a lei seriam implementadas quando os planos de ação ainda não foram formulados. Os agricultores estão a perder a gestão da atividade pecuária. A entrevista revela que os agricultores com 10 anos de idade já não existem de todo. Os agricultores mais antigos abandonaram a sua atividade e os novos agricultores que se juntaram a eles perderam-se nesta atividade. Se os agricultores obtivessem um seguro do Governo, a sua atividade poderia ter sobrevivido. A formação é o meio de melhorar os conhecimentos e as competências para ser proactivo no respetivo domínio. Todas as partes interessadas na política relativa à pecuária e às aves de capoeira, como académicos, investigadores, agricultores, comerciantes e distribuidores, fornecedores de factores de produção e empresários, devem receber melhor formação. Desde o SSC até ao nível universitário, a legislação relativa aos animais e às aves de capoeira deve ser incluída no conteúdo dos cursos, para que os alunos possam adquirir conhecimentos que possam aplicar na sua vida profissional. Para proteger os riscos para a saúde, os consumidores querem obter alimentos seguros nas suas refeições diárias, mas estão a receber alimentos adulterados e inseguros, que são muito prejudiciais para a saúde e que têm um impacto a longo prazo, resultando em cancro, insuficiência renal, cirrose hepática, etc. As indústrias de alimentos para animais estão a utilizar indiscriminadamente antibióticos, farinha de carne e ossos importada sem autorização, promotores de crescimento, materiais tóxicos como resíduos de curtumes para a formulação de alimentos para animais e peixes, desafiando a lei governamental em vigor. Assim, para estabelecer o direito de obter proteínas animais seguras ao nível dos consumidores, a voz deve ser levantada sob a égide da Associação de Consumidores do Bangladesh (CAB). Deve haver um esforço integrado e coordenado entre os decisores políticos, os académicos e os investigadores para aplicar a lei e a política relativas à pecuária. Para satisfazer a procura das massas populares, a política deve ser actualizada periodicamente para responder às necessidades no terreno. Os agricultores estão a sofrer prejuízos devido à falta de um preço fixo para a ração e os pintos, à falta de pintos saudáveis, ao preço de mercado, ao preço dos medicamentos e a catástrofes naturais como a gripe aviária, a seca, as inundações, o ciclone, etc. Nestes domínios, os meios de comunicação social não estão muito conscientes de que devem prestar atenção à transmissão da imagem real dos proprietários de gado e de aves de capoeira. O Secretariado do Ministério da Pecuária e Pescas não é técnica e profissionalmente sólido e não possui conhecimentos científicos para o avanço da produção pecuária. As pastas do Ministério da Pecuária e das Pescas deveriam ser constituídas por especialistas em pecuária. O gado está a ser contrabandeado para o nosso país a partir de países vizinhos como a Tailândia, Myanmar e a Índia. Foi efectuado um estudo de caso em Nayek Subadar Golam Mostafa, Debhata Upazila no distrito de Satkhira. O entrevistado referiu que todos os dias chegam da Índia vitelos machos e gado adulto. Há três tipos de gado provenientes da Índia: Hariana, gado Deshi e vitelos. O gado adulto é abatido para fins de carne de bovino e os vitelos são utilizados para fins de reprodução. Na região sul do Bangladesh, como Meherpur e o distrito de Sathkira, o programa AI não está a funcionar bem. Este tráfego transfronteiriço ilegal pode provocar a transmissão de doenças transfronteiriças, a perda de divisas e a ameaça à política de criação de gado. Além disso, a maior parte dos assassinatos na fronteira ocorre devido ao contrabando transfronteiriço de gado, disse o Diretor-Geral do BGB, Major General Aziz Ahmed (The Daily Star, 10 de agosto de 2015). Se esta entrada ilegal for bloqueada, haverá uma oportunidade para aumentar os recursos pecuários próprios através da criação de gado em pequena e grande escala. Os agricultores serão incentivados a dedicar-se à criação de mais gado com mais lucro. Como resultado, a população pecuária, o emprego e as proteínas animais do nosso país aumentarão. O pessoal do Governo não tem conhecimento da política e da lei. Por isso, o pessoal do Governo deve receber formação adequada sobre a política. O pessoal do DLS está muito longe do pessoal a nível do terreno. O decisor político deve desempenhar um papel importante para ligar o pessoal do DLS ao nível do terreno, implementando um plano de ação realista. A investigação deve colmatar as lacunas existentes na lei ou na política relativa à pecuária. Os organismos responsáveis pela aplicação da lei devem estar bem informados sobre as questões relacionadas com a política. Deve haver coordenação entre o DLS e os responsáveis pela aplicação da lei para implementar a lei ou a política.

O negócio de medicamentos para o tratamento de gado e aves de capoeira está a ser alargado indiscriminadamente sem autorização e controlo do Governo. Estas empresas estão a funcionar com uma licença comercial da autarquia ou com o número de registo BCIC. Para criar uma empresa de medicamentos, é necessário obter uma licença da DLS e da administração de medicamentos. Todos os medicamentos têm de ter autorização da BSTI. Estão a recolher matérias-primas de Mitford, Babu bazaar em Dhaka e a produzir medicamentos falsos/adulterados em casa. Por exemplo, a vitamina C significa ácido ascórbico, que é mais caro, mas em nome do ácido ascórbico estão a utilizar ácido cítrico. Não há ingredientes de vitaminas, exceto pó de suporte, por exemplo, bicarbonato de sódio, anidrase de dextrose, lactose, etc. Cada empresa de medicamentos deve ter uma fábrica e ser regularmente controlada pela autoridade responsável pela administração dos medicamentos. Todas as empresas de medicamentos deveriam ter um químico e um farmacêutico. O estudo revela que alguns responsáveis de marketing de empresas não reconhecidas estão a reabrir empresas de medicamentos e a gerir elas próprias como Diretor-Geral (MD) da empresa, tornando-se milionários que antes não tinham nada. Até os vendedores de medicamentos de Gazipur e de outras zonas estão a ser proprietários de empresas de medicamentos. Os médicos veterinários corruptos estão a receber 30 a 50% de comissão pelas suas receitas. Em consequência, os proprietários de aves de capoeira e de gado estão a ser consideravelmente prejudicados. Os médicos charlatães estão a receitar medicamentos para o tratamento de gado e aves de capoeira e apresentam-se como consultores sob a supervisão de alguns funcionários corruptos da DLS. Nestas circunstâncias, o Governo deveria tomar uma iniciativa adequada para proibir imediatamente esta atividade e punir exemplarmente os infractores. O pessoal dos meios de comunicação social deve estar bem equipado com conhecimentos actualizados sobre a política, incluindo a lei e as disposições. Além disso, deveriam ser suficientemente transparentes para transmitir a imagem real do negócio da pecuária, especialmente as razões da perda de agricultores, as actividades fraudulentas de comerciantes sem escrúpulos, os medicamentos falsos, o preço descontrolado das rações e dos pintos, os autores de fraudes, etc. Deveria haver uma recompensa e um castigo para o pessoal do sector pecuário que cumpre a lei e para o que não a cumpre. O Presidente da Topwin International, Sr. Zahir, disse que se os licenciados em pecuária estiverem ligados a uma exploração agrícola, essa exploração obterá indubitavelmente lucros.

Os proprietários de incubadoras não estão a produzir pintos de qualidade. Embora se comprometam a fornecer pintos isentos de salmonelas, pintos de categoria A e B, mantendo o peso corporal, de acordo com a política de desenvolvimento das aves de capoeira. No entanto, estão a entregar aos criadores pintos com salmonela pullorum, pintos infectados e com peso inferior ao normal, pintos cegos e paralíticos que deveriam ser eliminados dos centros de incubação. O seu efetivo de matrizes contém animais afectados por pullorum, mas não abatem os pintos afectados por micoplasma, leucose e marek encontrados nas incubadoras, apesar de produzirem pintos provenientes dos bandos afectados. Os proprietários das matrizes não estão a manter uma distância obrigatória entre galpões dentro da exploração, que deveria ser de 200 m e de 2 km de uma exploração para outra.

Os proprietários das fábricas de rações não se preocupam em cumprir as regras da lei relativa aos alimentos para animais. Estão a utilizar antibióticos, promotores de crescimento e drogas ilegais, evitando desesperadamente as funções obrigatórias que devem ser desempenhadas à luz da lei relativa aos alimentos para animais. A farinha de carne e ossos isenta de EET deve ser importada e certificada pela autoridade designada do país importador. Algumas empresas estão a utilizar hormonas de crescimento e promotores como o dietilestilbesterol e o olaquindox, que são citotóxicos, mutagénicos e cancerígenos se utilizados para além dos limites estabelecidos. As indústrias de alimentos para animais não mencionam o nome das matérias-primas utilizadas na formulação dos alimentos prontos para consumo nos sacos. O preço dos alimentos para animais e dos pintos deveria ser fixado por iniciativa do Governo.

Os inquiridos do KII não sabem comprar gado bovino de qualidade e não têm conhecimentos sobre a engorda científica de bovinos. Há falta de apoio tecnológico sobre a criação científica de gado e aves de capoeira a nível dos agricultores. Deveria haver um oficial de extensão da produção animal para criar consciência sobre a política e a lei e também trabalhariam para a transferência de tecnologia e avaliação a nível de campo. Para o efeito, podem organizar seminários, workshops e conferências com diferentes partes interessadas. Deveria ser efectuada investigação para formular uma ração de menor custo na formulação de alimentos para animais.

Os artigos relacionados com a criação de gado e de aves de capoeira devem ser difundidos através da rádio e da televisão. No nosso país, até agora, a polícia/Batalhão de Ação Rápida (RAB)/Guarda de Fronteira do Bangladeche (BGB) está envolvida em execuções extrajudiciais, extorsão, extorsão de fundos, contrabando na fronteira e é conhecida por todos os estratos da população como corrupta e não fiel, A imprensa diária publica amplamente que a divisão do

Tribunal Superior de Justiça emitiu uma decisão judicial, através do poder inerente, ordenando a comparência física do pessoal da polícia, com base no facto de a polícia aceitar subornos para parar o carro, o que faz com que a comunidade diária necessária aumente. Este é o cenário atual do nosso departamento de polícia. A polícia deveria ser mais transparente, dedicada, honesta e imparcial no seu trabalho. São servidores do Povo da República, pelo que devem ter isso em mente. Devem agir apenas em prol das pessoas, independentemente da filiação partidária, da casta, da cor, da religião, etc., e não seguir as ordens ilegais do partido no poder para atingir um objetivo político. O número de especialistas a nível da upazila é muito reduzido para satisfazer a procura.

No que respeita à lei do abate, verifica-se que não existe um matadouro científico a nível da upazila. A idade obrigatória, o sexo do animal, os animais em lactação e as fêmeas grávidas não são tidos em conta em conformidade com a lei do abate. Os procedimentos de quarentena não são respeitados; não há estabulação no matadouro.

O acesso ao crédito é importante para o desenvolvimento da criação de animais no país. A utilização do crédito para a criação de animais é bastante reduzida (apenas cerca de 4,5% contra 43,3% para a produção vegetal). O aumento do acesso ao crédito para a criação de animais é necessário para todas as categorias de agricultores, incluindo os agricultores pobres e de subsistência, os agricultores que procuram expandir-se para além do nível de subsistência e os agricultores comerciais. Os agricultores pobres e de subsistência dominam em número e são também grupos-alvo significativos para o crédito, particularmente do ponto de vista da redução da pobreza no país (Ali e Hossain, 2014).

Observa-se que o efetivo pecuário (das três categorias principais) diminuiu tanto nas explorações médias (2,50 - <7,50 acres) como nas grandes (7,50 acres e mais) entre 1996 e 2008. No entanto, a dinâmica é bastante diferente para as explorações marginais e pequenas (<2,50 acres). O seu efetivo não só aumentou como também apresentou um crescimento impressionante (36,0% para bovinos e búfalos, 28,4% para caprinos e ovinos e 14,4% para aves de capoeira durante o mesmo período). Além disso, para as três categorias de efectivos pecuários, as explorações agrícolas pequenas e marginais continuam a ser o grupo dominante no que se refere à criação e produção de gado. Ao formular qualquer política de desenvolvimento da pecuária no país, esta realidade deve ser explicitamente tida em consideração (Ali e Hossain, 2014).

CAPÍTULO 5

RESUMO

Este estudo foi efectuado para avaliar as políticas existentes em matéria de pecuária e avicultura. Os objectivos do estudo consistiam em explorar os pontos de vista das diferentes partes interessadas envolvidas na produção pecuária e em identificar as lacunas entre as políticas existentes e as expectativas, na perspetiva das partes interessadas. Nesta fase, foram consideradas para investigação a lei do abate de animais, a lei dos alimentos para animais e as políticas de desenvolvimento das aves de capoeira. Foram efectuadas análises SWOT para analisar criticamente estes actos e políticas. Para explorar a perceção e os pontos de vista das diferentes partes interessadas, foram recolhidos dados primários através de questionários estruturados e pré-testados, discussões em grupos de reflexão (FGD) e entrevistas com informadores-chave (KII). O estudo foi efectuado em sete divisões, nomeadamente Dhaka, Chittagong, Rajshahi, Khulna, Sylhet, Barisal e Rangpur. Foram entrevistadas 377 amostras representativas (abrangendo todas as partes interessadas) das sete divisões seleccionadas. No total, foram entrevistados 377 inquiridos, dos quais 116 agricultores, 64 talhantes, 70 comerciantes e distribuidores, 66 transformadores de carne, 10 proprietários de explorações pecuárias, 39 ULO/VS/PDO e 12 proprietários de fábricas de rações. Além disso, foram realizadas três discussões de grupo de foco (FGD) e 50 entrevistas a informadores-chave (KII) com diferentes partes interessadas. Foram utilizadas estatísticas descritivas como a percentagem, a média, as classificações, a barra e o gráfico circular para diferentes variáveis, a fim de descrever a situação atual dos diferentes intervenientes relativamente a diferentes actos e políticas. Foi utilizada a regressão logística binária para identificar as variáveis que influenciam a lei do abate, a lei dos alimentos para animais e a política de produção de aves de capoeira. A maior parte destas análises foi efectuada utilizando o pacote estatístico SPSS 20. Foi efectuado um teste Z proporcional a uma amostra para identificar a parte significativa das partes interessadas que têm conhecimento de um ato específico e também para concluir sobre toda a população de partes interessadas com base na amostra recolhida.

Para uma análise crítica da lei em vigor relativa ao abate e à alimentação animal e da política de desenvolvimento das aves de capoeira, foi efectuada uma análise SWOT. Os resultados da análise SWOT revelam que a Autoridade pode não estar a funcionar corretamente. Pode não existir uma célula de controlo, honestidade, sinceridade e mentalidade de serviço no pessoal da DLS. Poderá haver actividades pecuárias sem licença. A qualidade dos ingredientes dos alimentos para animais e as normas de alimentação podem não existir. Podem ser comercializados alimentos para animais adulterados e nocivos. O mercado pode ter rações com prazo de validade vencido. Presume-se que as pessoas do DLS não têm acesso à indústria de alimentos para animais e a outros locais, e que a confiscação e a destruição de alimentos para animais adulterados prejudiciais estão a ser praticadas. O poder da magistratura não está nas mãos dos oficiais de pecuária/nutricionistas, o que é inesperado. A autoridade de certificação de alimentos para animais no Bangladesh e o matadouro científico podem estar ausentes. Os animais grávidas, lactantes, doentes e de idade inferior estão a ser abatidos, presumindo-se que não são efectuados exames pré-abate e pós-abate. As visitas dos inspectores sanitários e da carne e o estado de saúde dos empregados podem não ser controlados. O transporte de animais, carne e produtos à base de carne pode não ser satisfatório. O dia restrito de abate pode não ser mantido. A carne não comestível pode ser vendida e consumida. Uma amostra de carne duvidosa pode não ser testada em laboratório. A eliminação dos resíduos do abate não é higiénica. A apreensão e a eliminação da carne e dos produtos à base de carne não são praticadas. A unidade móvel do tribunal pode estar inoperante. Apenas os veterinários podem ser autorizados a entrar no matadouro. A política de desenvolvimento das aves de capoeira foi formulada mas ainda não foi aplicada. A distância de biossegurança entre GP e GP e entre PS e PS pode não ser mantida. Não está assegurado qualquer programa de sensibilização para a criação familiar de aves de capoeira. A criação combinada de patos e aves de capoeira pode ser praticada para a propagação da gripe aviária. As potencialidades genéticas das galinhas indígenas podem não ser conservadas. A importação de farinha de carne e ossos isenta de EET pode não ser certificada pela autoridade veterinária do estrangeiro. A utilização de ingredientes não convencionais em fábricas de rações pode não ser incentivada. Os resíduos de curtumes podem ser utilizados indiscriminadamente. A importação de sementes de soja e a criação de um moinho de extração de óleo podem não estar disponíveis. Falta de iniciativa do Governo para a produção, conservação e transformação de milho e soja. Falta de recursos conjuntos do DLS e do DAE. Os intermediários podem interferir na comercialização de aves de capoeira e não existe uma sociedade cooperativa. Falta de estabelecimento de uma fábrica de processamento de aves de capoeira e de um programa de sensibilização. A venda de frangos de carne vestidos pode não ser incentivada. A missão do Bangladeche em diferentes países não é muito ativa para descobrir o mercado. O estrume das aves de capoeira pode não ser utilizado de forma ecológica. O Livestock Training Institute (LTI)/Veterinary Training Institute (VTI) não está a funcionar corretamente para formar os agricultores. A classificação dos pintos, a qualidade dos medicamentos e das vacinas são negligenciadas. Os produtores não estão a cumprir as condições de HACCP e SPS. A criação biológica de aves de capoeira e de ovos com baixo teor de colesterol não é encorajadora. A realização de uma semana avícola por ano e a exposição de uma exploração modelo em zonas de grande afluência de aves de capoeira não estão a ser praticadas. Não existem laboratórios de diagnóstico e de investigação a nível distrital.

Para explorar a perceção e os pontos de vista das diferentes partes interessadas, foi realizado um inquérito em sete divisões de todo o país, recolhendo amostras representativas. A partir do inquérito por questionário, a média de anos de experiência agrícola foi de 12. A maioria (100%) dos proprietários de fábricas de rações e de incubadoras estava registada pelo Governo, enquanto os agricultores eram os que menos estavam (36%). Apenas 42% dos agricultores têm conhecimentos sobre a lei do abate, enquanto 85% dos agricultores responderam negativamente sobre a visita do inspetor sanitário ao matadouro. Sessenta e nove por cento dos agricultores vendem as suas aves/animais vivos a intermediários. A maioria (77%) dos agricultores respondeu negativamente que o matadouro não é amigo do ambiente e não sabe que o abate não é permitido fora do matadouro e que a mesma percentagem de talhantes tem licença, enquanto 45% apelaram ao aumento da sanção existente. Vinte e cinco por cento dos animais são abatidos em locais abertos. Sessenta por cento dos agricultores afirmaram que os talhantes não respeitam as regras de idade, sexo, gravidez e lactação no abate, o que é proibido pela lei. Três quartos dos agricultores referiram que o tribunal móvel não é conduzido de todo. O pré-abate e o pós-abate não são mantidos para conhecer o estado de saúde dos animais. Oitenta e nove por cento dos talhantes responderam negativamente ao facto de a carcaça, a carne, a água usada e o gelo não serem examinados regularmente. Mais de dois terços (77%) dos talhantes responderam negativamente que não cumprem a disposição relativa ao sistema de eliminação de resíduos de animais abatidos mencionado na lei e 77% dos transformadores de carne responderam que o veterinário não inspecciona o certificado de saúde dos trabalhadores. Sessenta e quatro por cento dos directores-gerais ou funcionários autorizados não inspeccionam os centros de transformação de carne. Oitenta e dois por cento dos transformadores de carne não dispõem de quaisquer instalações de modem necessárias para a unidade de transformação. Cerca de 36% dos resíduos de matadouros são lançados a céu aberto, enquanto 65% são utilizados como composto, enquanto 16,7% dos transformadores de carne são conhecidos por actos de abate do Governo e do pessoal. Oitenta e cinco por cento dos transformadores de carne transportam a carne abatida em carrinhas. Mais de 80% das empresas de transformação de carne opinaram que não dispõem de instalações para produtos de carne com valor acrescentado, de um sistema de preços fixos, de instalações de refrigeração e de cozedura, de um sistema de embalagem melhorado e de um centro de vendas moderno. Oitenta e dois por cento das ULO/DLO não seguem a lei do abate de animais. Cerca de 70% dos funcionários são licenciados em veterinária, o que indica que existe uma enorme falta de funcionários de produção animal a nível da Upazila. A partir do teste Z, conclui-se que menos de 50% dos agricultores de uma determinada zona têm conhecimentos sobre a lei do abate. A regressão logística binária para os talhantes sobre a lei do abate revela que os talhantes com rendimentos mais elevados têm maior probabilidade de conhecer a lei do abate (p<0,05). O teste de proporção (teste Z) permite concluir facilmente que menos de 50% dos talhantes conhecem a lei do abate, ao passo que 40% dos transformadores conhecem a lei do abate. Sessenta e três por cento dos agricultores não conhecem a lei relativa aos alimentos para animais e 61% comentam que o preço dos alimentos para animais é flutuante. Sessenta e cinco por cento dos agricultores desconhecem os resíduos de curtumes utilizados nos alimentos para animais. O nome dos ingredientes e as percentagens não são indicados nos sacos de ração, segundo 58% dos agricultores. Oitenta e nove por cento dos agricultores afirmaram que o número do lote não é indicado para identificar a ração. Trinta e quatro por cento dos agricultores têm experiência em rações mistas com coccidiostáticos e antibióticos. Setenta por cento dos comerciantes e distribuidores têm conhecimentos sobre a lei dos alimentos para animais. Cerca de 12,9% dos agricultores familiarizaram-se com a lei relativa aos alimentos para animais através do pessoal do Governo. Oitenta e sete por cento dos negociantes e distribuidores afirmaram que os funcionários autorizados não visitam nem recolhem amostras para testes de qualidade e 79% dos negociantes e distribuidores referem que a pena de 50.000 tokens ou 1 ano de prisão é insuficiente. Setenta e sete por cento dos comerciantes e distribuidores esperavam que a infração cometida por violação da lei relativa aos alimentos para animais fosse inafiançável e cognoscível. Cinquenta e três por cento dos comerciantes e distribuidores consideram que as embalagens de alimentos para animais devem ter um número de registo, ser herméticas, ter uma embalagem e um contentor autorizados. Cinquenta e oito por cento dos proprietários de fábricas de rações apresentam a lei dos alimentos para animais ao Governo e ao pessoal. Setenta e cinco por cento dos proprietários de fábricas de rações afirmaram que não utilizam ingredientes não convencionais para as rações. Cinquenta e oito por cento dos proprietários de fábricas de rações afirmaram que a pena de 50 000 tokens ou de um ano de prisão é insuficiente, que as infracções cometidas ao abrigo desta lei deveriam ser inafiançáveis ou cognoscíveis, que o Governo e a autoridade designada não estão a tomar as medidas necessárias para preservar a qualidade dos alimentos para animais e dos ingredientes para a alimentação animal e que a farinha de carne e ossos certificada sem EET é importada do estrangeiro. Cinquenta e oito por cento dos proprietários de fábricas de alimentos para animais afirmaram que os conhecimentos sobre a lei relativa aos alimentos para animais ainda não foram implementados e que o Governo não incentiva a importação de sementes de soja e a criação de fábricas de soja para utilizar a farinha de soja como alimento para animais. Cinquenta por cento dos proprietários de fábricas de rações afirmaram que o Governo não está a tomar qualquer medida para cancelar ou adiar a licença e que, após terem sido encontrados ingredientes nocivos nos alimentos para animais, o Governo não toma qualquer medida e 50% dos proprietários de fábricas de rações afirmaram que a farinha de carne e ossos é importada de fontes animais não identificadas. Centésimos por cento dos ULO/DLO dão fórmulas de ração e sugestões de gestão do alojamento aos agricultores. Mais de 22% dos ULO/DLO não mantêm o período de retirada dos medicamentos e as normas internacionais na seleção de antibióticos nas suas receitas. A regressão logística binária revela que os agricultores com formação académica têm maior probabilidade de conhecer a lei relativa aos alimentos para animais (p<0,05). A partir do teste de proporção da amostra (teste Z), pode concluir-se facilmente que, em relação à população de agricultores de uma determinada zona, menos de 50% dos agricultores têm conhecimentos sobre a lei relativa aos alimentos para animais. Vinte e oito por cento dos agricultores não têm conhecimentos sobre a política de desenvolvimento das aves de capoeira. De 40 a 53% dos agricultores queixam-se de que os pintos não são classificados, não obtêm pintos de boa qualidade e não recebem formação sobre a criação de aves de capoeira, enquanto 32% dos agricultores recebem pintos afectados por Salmonella. De 69 a 79% dos agricultores referiram, com fortes objecções, que as suas explorações não são visitadas por um veterinário, não recebem apoio do Governo para fazer composto orgânico a partir de resíduos de aves de capoeira, não têm conhecimentos sobre agricultura biológica, não são feitas demonstrações para explorações avícolas pelo Governo e não têm apoio para a criação de aves de capoeira domésticas e comerciais. Entre 81 e 96% dos agricultores declararam que não recebem qualquer assistência do DLS/BLRI para confirmar a qualidade dos medicamentos e das vacinas, que não são informados das restrições à venda de aves vivas na cidade, que não recebem qualquer apoio de nutricionistas para a análise e formulação de rações e que não observam a semana nacional das aves de capoeira. Mais de 40% dos comerciantes e distribuidores opinaram que o nome dos ingredientes e as percentagens não são indicados, enquanto o preço dos alimentos por saco varia. Cerca de 60% dos comerciantes e distribuidores afirmaram que a vacina 1st não é fornecida ao DOC durante a entrega dos pintos, que o número do lote não é indicado para identificar os alimentos para animais, que há falta de vacinas, de pintos ou de alimentos para animais e que não foram utilizados alimentos triturados nos alimentos prontos para consumo, enquanto 30% dos comerciantes e distribuidores afirmaram que o peso dos alimentos por saco é flutuante. Setenta e um por cento dos comerciantes e distribuidores declararam que os funcionários autorizados não são visitados e não recolhem amostras para testes de qualidade e que o inspetor está relutante em visitar a empresa para destruir alimentos podres, insalubres, adulterados e poluídos. Apenas 12% dos comerciantes e distribuidores declararam que estão a ser vendidos alimentos com prazo de validade. Quarenta por cento dos proprietários de incubadoras e de matrizes afirmaram que o vacinador não está disponível e 20% afirmaram que a biossegurança não é mantida e que, aquando da entrega dos pintos, não é administrada ao DOC a primeira vacina, como a vacina contra a febre de Mareks ou a vacina contra a febre de Ranikhet. Setenta por cento dos proprietários de incubadoras e de matrizes afirmaram que o Governo não coopera no controlo das doenças transfronteiriças das aves de capoeira a nível regional e mundial. Mais de 50% das ULO/DLO não estão a trabalhar no desenvolvimento do empreendedorismo ou na exportação de produtos avícolas e não estão a tomar quaisquer medidas para produzir medicamentos e vacinas para aves de capoeira. O teste Z revelou que menos de 50% dos agricultores têm conhecimentos sobre a política de desenvolvimento das aves de capoeira. A regressão logística binária revela que os comerciantes e distribuidores com rendimentos mais elevados têm maior probabilidade de ter conhecimento da política de desenvolvimento avícola. A partir do teste de proporção da amostra (teste Z), pode concluir-se facilmente que menos de 50% da população de comerciantes e distribuidores numa determinada área tem conhecimentos sobre a política de desenvolvimento avícola. Cerca de 100% dos proprietários de matrizes e incubadoras têm conhecimento da política de desenvolvimento avícola. Não é possível ajustar um modelo de regressão porque o valor da variável dependente não varia consoante a unidade de amostra. Ao efetuar o teste de proporção (teste Z), pode concluir-se facilmente que menos de 50% da população de progenitores e proprietários de incubadoras têm conhecimento da política de desenvolvimento avícola.

Os resultados da discussão do grupo de foco revelam que a Autoridade deve ter uma estratégia de implementação adequada para implementar os actos e a política de pecuária. A aplicação dos actos e da política não é eficaz. A equipa de monitorização é constituída por especialistas e deve ser coordenada entre os consumidores, os especialistas e os organismos responsáveis pela aplicação da lei. É necessário criar um grande grito para implementar a lei. Deveria haver uma zona de abate específica, uma criação adequada dos animais e uma conceção adequada dos matadouros, incluindo currículos de cursos ao nível da classe VII, SSC e HSC, bem como um programa de sensibilização/demonstração sobre doenças contagiosas como o antraz e a gripe das aves para a população local e, por último, um pacote de indemnizações aos consumidores por adulteração. Deveriam ser organizadas acções de fiscalização móveis para desencorajar as actividades fraudulentas. Deve ser feita uma demonstração dos efeitos nocivos dos produtos animais adulterados, das instalações de refrigeração necessárias para a conservação da carne fresca e de um quadro em cada mercado para as actividades fraudulentas relativas à carne e aos produtos à base de carne. Os académicos podem desempenhar um papel importante, conduzindo investigação e fornecendo orientações e desenvolvendo cursos sobre política e ação em matéria de pecuária e ensinando-os aos estudantes. Os meios de comunicação social devem contribuir para a sensibilização. A CAB deve fazer uma campanha contra a legislação incoerente. Os organismos responsáveis pela aplicação da lei devem levar os infractores a tribunal por terem cometido delitos. Os empresários do sector pecuário devem cumprir todas as leis relacionadas com a pecuária. A composição escrita dos nutrientes no saco não corresponde ao conteúdo interior. Para ajustar a FCR, são utilizados promotores de crescimento, hormonas e antibióticos nos alimentos para animais. As grandes indústrias de alimentos para animais estão a satisfazer a procura do mercado através de contratos com pequenas indústrias. O estado de saúde dos trabalhadores dos matadouros não é satisfatório. As razões para o abate de emergência não são mencionadas na lei. A pena de morte para o infrator deve ser incluída na lei relativa aos alimentos para animais. Os talhantes misturam gorduras com carne no momento da venda, o que resulta na exploração dos consumidores. Os agricultores ignoram as fórmulas de alimentação prescritas, acrescentando uma dose dupla de antibiótico. A carne sem antibióticos e promotores de crescimento não está a chegar aos consumidores. Deveria existir um Instituto de Ciência e Tecnologia da Carne e deveria ser atribuído um mestrado em Ciência e Tecnologia da Carne. É necessário aperfeiçoar as leis e políticas existentes com base em estudos de casos por simulação. A política deve ser implementada passo a passo, tendo como objetivo um período até 2020. É necessário publicar o videoclip sobre produtos pecuários perigosos e problemas de saúde através da rádio, da televisão, dos jornais e da magistratura, a cargo dos técnicos da DLS. Deve ser realizado um trabalho de investigação com base nas necessidades sobre a política e dar importância ao plano de ação. Os currículos dos cursos a nível universitário devem ser reestruturados, incorporando a política e a lei da pecuária. Os veterinários não estão a respeitar o intervalo de segurança durante a prescrição. Os antibióticos devem ser substituídos por extractos de ervas, ácidos orgânicos, etc., antes de se proibirem os antibióticos e deve ser estabelecido o objetivo de proibir os antibióticos até 2020. Logo que a política é formulada, tem de ser aplicada na prática. Deveria haver laboratórios sofisticados e trabalho de investigação com mão de obra qualificada a nível distrital e de upazila. A política deve ser testada em primeiro lugar e, em seguida, é melhor proceder a uma revisão. As sanções atualmente existentes devem ser aumentadas. A base de dados sobre o efetivo pecuário deve ser coerente para o desenvolvimento de modelos de previsão. Os agricultores que estão a sofrer perdas no negócio devem receber subsídios do Governo. A venda de aves vivas deve ser desencorajada. O Governo deveria adotar esta disposição ou algo semelhante através de uma notificação oficial periódica. Deve existir uma autoridade de certificação de alimentos para animais em que os licenciados em zootecnia registados possam certificar os alimentos para animais e um Conselho de zootecnia para o registo de licenciados em zootecnia para definir o seu domínio de trabalho e dispor de laboratórios acreditados que possam efetuar análises químicas dos alimentos para animais. O processo de concessão de licenças não é claro para as grandes e pequenas fábricas de alimentos para animais.

As conclusões dos KII revelam que todos os inquiridos incentivam a formulação e a aplicação de políticas e actos no domínio da pecuária. Insistem na realização de campanhas públicas de sensibilização para a política e a lei. A maioria dos proprietários de gado tem tendência para obter lucros mais elevados. A pessoa lesada não pode apresentar um caso sem a autorização do DLS, o que é contrário ao espírito da constituição. A falta de mão de obra e de formação para a sensibilização são as principais razões para a ineficácia do DLS e para a atribuição de poderes à magistratura. O plano de ação está longe de ser formulado, razão pela qual os fabricantes de rações, os proprietários de incubadoras e as empresas de medicamentos estão a lucrar muito mais do que os pequenos agricultores. Para que o negócio sobreviva e seja sustentável, o Governo deveria conceder facilidades de seguro. Desde o SSC até ao nível universitário, a lei da pecuária e das aves de capoeira deveria ser incluída no conteúdo dos cursos. As indústrias de alimentos para animais estão a utilizar indiscriminadamente antibióticos, farinha de carne e ossos, promotores de crescimento, resíduos de curtumes e a Associação de Consumidores do Bangladesh (CAB) deveria fazer ouvir uma grande voz contra os alimentos não seguros. A política deve ser actualizada periodicamente para responder às necessidades no terreno. Os pintos, os alimentos e os medicamentos deveriam ter um preço fixo. Os meios de comunicação social não estão muito conscientes de que devem prestar atenção à transmissão da imagem real do gado e das aves de capoeira. O Secretariado do Ministério da Pecuária e das Pescas não é técnica e profissionalmente sólido e as pastas do Ministério da Pecuária e das Pescas deveriam ser constituídas por especialistas em pecuária. O gado está a ser contrabandeado para o nosso país a partir de países vizinhos como a Índia, Myanmar e Tailândia e da fronteira. A transmissão de doenças transfronteiriças resulta na perda de divisas e ameaça as políticas de criação de gado devido ao contrabando transfronteiriço de gado, que causa a morte de muitas vidas todos os anos. O Governo, o pessoal e os organismos responsáveis pela aplicação da lei que desconhecem a política e a lei devem ser bem informados e a investigação deve colmatar as lacunas existentes na lei ou na política relativa à pecuária. Para frustrar as empresas de medicamentos falsos, a autoridade de administração de medicamentos deve manter-se ativa no controlo, de modo a que nenhum dos médicos veterinários se atreva a receber 30 a 50% de comissão pelas suas receitas. A recompensa e o castigo para o pessoal do sector pecuário que cumpre a lei e que não a cumpre devem ser um processo contínuo. Os licenciados em Zootecnia são suficientemente competentes para gerir uma exploração pecuária e avícola. Os proprietários de incubadoras não estão a produzir pintos de qualidade e os proprietários de matrizes também não estão a manter uma distância obrigatória de galpão para galpão e de quinta para quinta. Os proprietários de fábricas de rações não cumprem as regras da lei dos alimentos para animais. Algumas empresas estão a utilizar hormonas de crescimento e promotores como o dietilestilbesterol e o olaquindox, que são citotóxicos, mutagénicos e cancerígenos se utilizados acima do limiar nos alimentos para animais. O Governo deveria tomar a iniciativa de fixar o preço dos alimentos e dos pintos durante todo o ano, uma vez que os agricultores não têm conhecimentos para comprar gado de qualidade para a engorda científica de carne de bovino. As explorações agrícolas pequenas e marginais registaram um crescimento impressionante (36,0% para bovinos e búfalos, 28,4% para caprinos e ovinos e 14,4% para aves de capoeira), pelo que a formulação de políticas deve ter em conta este facto. A falta de apoio tecnológico à criação científica de gado e de aves de capoeira ao nível dos agricultores e os conhecimentos do responsável pela extensão da produção animal podem desempenhar um papel vital. A formulação de rações de baixo custo é uma necessidade emergente e deve ser objeto de investigação. Os artigos relacionados com a pecuária e as aves de capoeira e as mesas redondas devem ser difundidos através da rádio e da televisão. O número de especialistas, especialmente nutricionistas, extensionistas e inspectores de carne a nível da upazila é muito reduzido para satisfazer a procura no domínio da produção animal e da qualidade da carne. Não existe nenhum matadouro científico a nível de upazila, não sendo a idade, o sexo do animal, os animais em lactação e as fêmeas grávidas considerados em conformidade com a lei do abate. Os procedimentos de quarentena não são respeitados e não existem instalações de estabulação nos matadouros.

CAPÍTULO 6

CONCLUSÕES

A pecuária é uma componente importante da agricultura do Bangladesh, contribuindo significativamente para o desenvolvimento rural e a redução da pobreza. Os estudos efectuados e os seminários intensivos realizados a partir de dados publicados, as análises SWOT, os inquéritos por questionário, os FGD e as KH de várias partes interessadas permitiram chegar às seguintes conclusões

Pode concluir-se que a Autoridade DLS não está a funcionar em conformidade com a política e a lei. Os alimentos para animais adulterados e nocivos são produzidos e comercializados sem licença. O confisco e a destruição de alimentos nocivos adulterados têm sido praticados. O poder de magistratura nas mãos do magistrado executivo, excluindo o responsável pela pecuária, com a sentença de infração existente, não é satisfatório. A ausência de uma autoridade de certificação dos alimentos para animais conduz à produção de géneros alimentícios inseguros. São raros os matadouros científicos em que são abatidos animais prenhes, em lactação, doentes e de idade inferior à prevista e em que não são efectuados exames pré-abate e pós-abate. Os inspectores sanitários e da carne não visitam o estado de saúde dos empregados e o transporte dos animais, da carne e dos produtos à base de carne não é controlado e o dia de abate não é limitado. A carne não comestível é vendida e consumida e as amostras de carne duvidosa não são testadas em laboratório. A eliminação dos resíduos do abate não é feita de forma higiénica e não se procede à apreensão e eliminação da carne e dos produtos à base de carne. O veterinário só pode entrar no matadouro, negando o direito de acesso aos licenciados em AH. A política de desenvolvimento das aves de capoeira foi formulada, mas ainda não foi aplicada. No que respeita à biossegurança, não é mantida a distância entre GP e GP e PS e PS. Não existe qualquer programa de sensibilização para a criação familiar de aves de capoeira e a criação combinada de patos e aves de capoeira é praticada para a propagação da gripe aviária. As potencialidades genéticas das galinhas indígenas não são preservadas. A importação de farinha de carne e ossos isenta de EET não é certificada pela autoridade veterinária do estrangeiro. Não é incentivada a utilização de ingredientes alimentares não convencionais nas fábricas de rações. Os resíduos de curtumes estão a ser utilizados em algumas fábricas de rações. A importação de sementes de soja e a criação de uma fábrica de extração de óleo não são visíveis. A interferência de intermediários e a falta de uma sociedade cooperativa são evidentes na comercialização de aves de capoeira. A venda de frangos de carne vestidos não é incentivada. O estrume das aves de capoeira não é utilizado de forma ecológica. A classificação dos pintos, a qualidade dos medicamentos e das vacinas são negligenciadas. Os produtores não estão a cumprir as condições

HACCP e SPS, exigidas pela OMC para a exportação. A criação de aves de capoeira biológicas e de ovos com baixo teor de colesterol não é encorajadora. A semana das aves de capoeira num ano e a exposição de explorações modelo em zonas de hotspots avícolas não estão a ser praticadas e não há disponibilidade de laboratórios de diagnóstico e investigação a nível distrital.

A regressão logística binária para os talhantes sobre a lei do abate revela que os talhantes com rendimentos mais elevados têm maior probabilidade de conhecer a lei do abate. O teste de proporção (teste Z) permite concluir facilmente que, na população de talhantes, menos de 50% dos talhantes conhecem a lei do abate. Necessidade de criar um grande grito para implementar a lei. Deveria haver uma zona de abate específica, uma criação adequada dos animais e uma conceção correcta dos matadouros, bem como a inclusão desta matéria nos programas curriculares das classes VII, SSC e HSC. Não existe um programa de sensibilização/demonstração sobre doenças contagiosas como o carbúnculo bacteriano e a gripe aviária para a população local, nem um pacote de indemnização aos consumidores por adulteração. Não é feita uma demonstração dos efeitos nocivos dos produtos animais adulterados. São necessárias instalações de refrigeração para conservar a carne fresca e a formação de conselhos em cada mercado para pôr termo às actividades fraudulentas. Os académicos não estão a desempenhar o seu papel, conduzindo investigação e fornecendo orientações e desenvolvendo cursos sobre política e legislação em matéria de pecuária e ensinando aos estudantes. Os meios de comunicação social e o CAB não estão a sensibilizar e a fazer campanha contra a lei incoerente. Os empresários do sector pecuário devem respeitar todas as leis relacionadas com a pecuária. A composição escrita dos nutrientes nos sacos não corresponde ao seu conteúdo interno e, para ajustar a TCA, são utilizados promotores de crescimento, hormonas e antibióticos nas rações. As grandes indústrias de alimentos para animais estão a satisfazer a procura do mercado através de contratos com as pequenas indústrias. As razões para o abate de emergência não são mencionadas na lei. Não existe um Instituto de Ciência e Tecnologia da Carne nem um diploma de mestrado no mesmo. Necessidade de aperfeiçoar as leis e políticas existentes com base em estudos de oaooo por oimulação. A política não está a ser aplicada passo a passo, tendo em vista um período até 2020. Os currículos dos cursos a nível universitário não incorporam a política e a lei da pecuária. Os veterinários não estão a manter o intervalo de segurança quando prescrevem. Faltam laboratórios sofisticados e trabalhos de investigação com mão de obra qualificada a nível distrital e de upazila. A base de dados sobre o efectivo pecuário deve ser coerente para o desenvolvimento de modelos de previsão. Os agricultores que estão a perder dinheiro com o seu negócio deveriam receber subsídios do Governo. Não existe um Conselho de Criação de Animais para o registo de licenciados em Zootecnia para definir o seu domínio de trabalho. As fábricas de rações, os proprietários de incubadoras e as empresas de medicamentos estão a lucrar muito mais do que os pequenos agricultores. A política não é actualizada periodicamente para responder às necessidades no terreno. O Secretariado do Ministério da Pecuária e das Pescas não é técnica e profissionalmente sólido e as pastas do Ministério da Pecuária e das Pescas deveriam ser constituídas por especialistas em pecuária. O contrabando de gado é praticado através do tráfego transfronteiriço, o que provoca a transmissão de doenças transfronteiriças e ameaça a política de criação. Para contrariar as empresas de medicamentos falsos, a autoridade responsável pela administração dos medicamentos deve manter-se ativa no controlo, de modo a que nenhum médico veterinário se atreva a receber 30 a 50% de comissão pela sua receita. A recompensa e o castigo para o pessoal do sector pecuário que cumpre a lei e que não a cumpre devem ser um processo contínuo. Algumas empresas utilizam hormonas de crescimento e promotores como o dietilestilbesterol e o olaquindox, que são citotóxicos, mutagénicos e cancerígenos se forem utilizados em alimentos para animais para além dos limites estabelecidos. Os agricultores não têm conhecimentos para comprar gado de qualidade para engorda científica de carne de bovino. As explorações agrícolas pequenas e marginais registaram um crescimento impressionante (36,0% para bovinos e búfalos, 28,4% para caprinos e ovinos e 14,4% para aves de capoeira), pelo que, ao formularem uma política, devem ter em conta esse facto. A falta de apoio tecnológico à criação científica de gado e de aves de capoeira ao nível dos agricultores e os conhecimentos do responsável pela extensão da produção animal podem desempenhar um papel vital. A formulação de rações de baixo custo é uma necessidade emergente e deve ser objeto de investigação. O número de especialistas, especialmente nutricionistas, extensionistas e inspectores de carne a nível da upazila é muito reduzido para satisfazer a procura.

Recomendações:

Para o ato de abate

1. Deve ser assegurada a criação de matadouros científicos modernos com todo o tipo de instalações de transformação, com HACCP e SPS, em todas as upazilas e distritos, para uma produção de carne segura e higiénica.

2. O abate indiscriminado deve ser restringido.

3. O abate de animais grávidas, lactantes, menores de idade e fêmeas deve ser desencorajado e proibido.

4. Deve ser assegurado o exame ante mortem e post mortem.

5. O processo de concessão de licenças de abate deve ser transparente e baseado em actos.

6. Os veterinários e os licenciados em AH devem ser autorizados a aceder aos matadouros.

7. O contrabando de gado dos países vizinhos deve ser controlado.

8. A carne e os subprodutos questionáveis devem ser testados.

Para a alimentação animal ato

1. A criação de uma autoridade de certificação de alimentos para animais é uma necessidade premente, em que os licenciados em AH registados possam certificar os alimentos para animais.

2. Deverá ser incentivada a investigação sobre a utilização de ingredientes não convencionais disponíveis localmente para a alimentação animal.

3. A utilização de factores de crescimento, hormonas, resíduos de curtumes e antibióticos nos alimentos para animais deve ser limitada.

4. Os titulares de licenças falsas relacionadas com o fabrico de alimentos para animais devem ser punidos.

5. A qualidade dos ingredientes dos alimentos para animais e as normas de alimentação devem ser asseguradas a nível da indústria e dos agricultores.

6. O confisco e a destruição de alimentos nocivos e adulterados devem ser prosseguidos.

Para a política de desenvolvimento das aves de capoeira

1. A política de desenvolvimento das aves de capoeira formulada deve ser aplicada.

2. As potencialidades genéticas das galinhas indígenas devem ser preservadas.

3. Deve ser incentivada a venda de frangos de carne com o vestuário.

4. A qualidade dos alimentos, dos pintos, dos medicamentos e das vacinas e o seu preço fixo devem ser mantidos pela autoridade.

5. A criação biológica de aves de capoeira deve ser iniciada tendo em conta a segurança alimentar dos consumidores.

6. Deve ser observada a semana das aves de capoeira num ano e a exposição de uma exploração-modelo em zonas de hotspots avícolas.

7. Os antibióticos devem ser substituídos por compostos fitogénicos/extratos de ervas, ácidos orgânicos, etc., antes de se proibirem os antibióticos e deve ser estabelecido o objetivo de proibir o uso de antibióticos até 2020.

8. Deve ser criada uma unidade de transformação de aves de capoeira para produzir produtos de carne com valor acrescentado.

Recomendações gerais

1. Deve ser formulado, acompanhado e avaliado um plano de ação com académicos, investigadores, pessoal do DLS, pessoal da agência de aplicação da lei e do ministério, representantes da respectiva comissão parlamentar permanente, etc.

2. Os meios de comunicação social e a OAC devem sensibilizar a opinião pública e fazer campanha contra uma lei incoerente.

3. Os poderes da magistratura devem ser transferidos para a autoridade DLS e, sem a autorização da DLS, a pessoa lesada pode intentar uma ação judicial.

4. A infração deve ser inafiançável e cognoscível e a pena de prisão deve ser aumentada até à prisão perpétua ou à pena de morte, que pode ser julgada pelo tribunal de sessão.

5. A política deve ser implementada passo a passo, tendo como objetivo um período até 2020

6. Os currículos dos cursos a nível universitário e escolar devem ser reestruturados de modo a incorporar a política e a lei da pecuária.

7. O veterinário deve manter o intervalo de segurança durante a prescrição.

8. Deveriam existir laboratórios sofisticados e trabalhos de investigação com mão de obra especializada a nível distrital e de upazila.

9. Os agricultores que estão a perder dinheiro com a sua atividade devem receber subsídios do Governo.

10. Deveria existir um Conselho de Criação Animal para o registo dos licenciados em AH, a fim de definir o seu domínio de trabalho.

11. A política deve ser actualizada periodicamente para responder às necessidades no terreno.

12. As pastas do Ministério da Pecuária e das Pescas devem ser constituídas por especialistas em pecuária.

13. Os artigos relacionados com a pecuária e as aves de capoeira e as mesas redondas devem ser difundidos através da rádio e da televisão.

1 4.As pequenas explorações agrícolas e as explorações marginais registaram um crescimento impressionante (36,0% para os bovinos e os búfalos, 28,4% para os caprinos e os ovinos e 14,4% para as aves de capoeira), pelo que, na formulação das políticas, deve ser dada ênfase a este aspeto.

15. A pessoa lesada deve ser autorizada a apresentar um processo sem a autorização do DLS.

16. A prática do charlatanismo deve ser desencorajada.

CAPÍTULO 7

REFERÊNCIAS

Adzitey F 2011: Effect of pre-slaughter animal handling on carcass and meat quality (Efeito do manuseamento dos animais antes do abate na qualidade da carcaça e da carne). International Food Research Journal.**18** 485.

Adzitey F, Huda N 2012: Efeitos do manuseamento da carcaça pós-abate na qualidade da carne. Pak.Veter. J. **32** 161-164.

Ajay JH, Lakhankar T 2015: Revisão - Política Nacional de Pecuária do Nepal: Needs and Opportunities. Agricultura 5 103-131.

Ali Z, Hossain I 2014: Barreiras ao desenvolvimento do sector da pecuária no Bangladesh. Instituto de Estudos para o Desenvolvimento do Bangladeche, Policy brief. **408** 1-8.

Ayele S, Duncan A, Larbi A, Khanh, T 2012: Reforçar a inovação nas cadeias de valor da pecuária através de redes: Lessons from fodder innovation case studies in developing countries. Ciência e políticas públicas. **39** 333-346.

Babic Z, Peric T 2011: Otimização da mistura de alimentos para animais através da utilização de programação de objectivos. Jornal Internacional de Economia da Produção. **130** 218-223.

BBS (Bangladesh Bureau of Statistics) 2004: Report on the Household Expenditure Survey, Dhaka, Bangladesh.

BBS (Bangladesh Bureau of Statistics) 2005: Statistical Yearbook of Bangladesh (Anuário Estatístico do Bangladesh). Gabinete de Estatística do Bangladesh, Divisão de Estatística, Ministério do Planeamento, Governo da República Popular do Bangladesh, Daca.

BBS (Bangladesh Bureau of Statistics) 2009: Statistical Year Book of Bangladesh (Livro do Ano Estatístico do Bangladesh). Gabinete de Estatística do Bangladeche, Divisão de Estatística, Ministério do Planeamento, Governo da República Popular do Bangladeche, Daca.

BBS (Bangladesh Bureau of Statistics) 2010: Statistical Yearbook of Bangladesh (Anuário Estatístico do Bangladesh). Gabinete de Estatística do Bangladeche, Divisão de Estatística, Ministério do Planeamento, Governo da República Popular do Bangladeche, Daca.

BBS (Gabinete de Estatística do Bangladesh) 2011: Statistical Yearbook of Bangladesh (Anuário Estatístico do Bangladesh). Gabinete de Estatística do Bangladeche, Divisão de Estatística, Ministério do Planeamento, Governo da República Popular do Bangladeche, Daca.

BBS (Gabinete de Estatística do Bangladesh) 2013: Statistical Yearbook of Bangladesh (Anuário Estatístico do Bangladesh). Gabinete de Estatística do Bangladeche, Divisão de Estatística, Ministério do Planeamento, Governo da República Popular do Bangladeche, Daca.

BBS (Gabinete de Estatística do Bangladesh) 2014: Statistical Yearbook of Bangladesh (Anuário Estatístico do Bangladesh). Gabinete de Estatística do Bangladesh, Divisão de Estatística, Ministério do Planeamento, Governo da República Popular do Bangladesh, Daca.

Begum IA 2006: Prospects and Potentialities of Vertically Integrated Contract farming in Bangladesh Poultry Sector Development". Dissertação de doutoramento apresentada ao Departamento de Economia Agrícola, Escola Superior de Agricultura, Universidade de Hokkaido, Japão.

Begum IA 2008: Prospects and potentialities of vertically integrated contract farming in Bangladesh poultry sector development. Tese de doutoramento. Universidade de Hokkaido, Japão.

Begum IA, Alam MJ, Buysse J, Frija A, Van Huylenbroeck G 2011: A comparative efficiency analysis of poultry farming systems in Bangladesh: A Data Envelopment Analysis approach. Applied Economics. **44** 3737-3747.

BER (Bangladesh Economic Review) 2006: Ministério das Finanças, Divisão de Consultoria Económica, Ministério das Finanças, Governo do Bangladesh.

BER (Bangladesh Economic Review) 2009: Ministério das Finanças, Divisão de Consultoria Económica, Ministério das Finanças, Governo do Bangladesh.

BER (Bangladesh Economic Review) 2011: Divisão de Finanças, Ministério das Finanças, Governo da República Popular do Bangladesh.

BER (Bangladesh Economic Review) 2013: Divisão de Finanças, Ministério das Finanças, Governo da República Popular do Bangladesh.

BER (Bangladesh Economic Review) 2014: Ministério das Finanças, Divisão de Assessoria Económica, Ministério das Finanças e Governo do Bangladesh.

BIDS 2014: Barriers to the Development of Livestock Sector in Bangladesh, BIDS policy briefNo. 1408 April, 2014.

Bishop R 2013: O papel dos fabricantes na qualidade e segurança dos alimentos para animais: Uma discussão sobre os métodos utilizados nos processos de fabrico de alimentos para animais para garantir a higiene e a segurança dos alimentos para animais. Nutrição Clínica e Aplicada aos Equídeos: Health, Welfare and Performance pp 381-389.

BLRI 2010: Livestock and Poultry Research, Development and Extension Plan-2021, Bangladesh Livestock Research Institute, Savar, Dhaka.

Brantz D 2008: Animal Bodies, Human Health, and the Reform of Slaughterhouses in Nineteenth-Century Berlin, pp 71-88.

Cederberg C, Sonesson U, Flysjo A 2009: Life cycle inventory of greenhouse gas emissions and use of land and energy in Brazilian beef production (Inventário do ciclo de vida das emissões de gases de efeito estufa e uso de terra e energia na produção de carne bovina no Brasil). Instituto Sueco de Alimentos e Biotecnologia, Suécia.

Chowdhury SD 2011: Commercial poultry farming in Bangladesh: the rolling tears of farmers and its consequences, Seventh International Poultry Show and Seminar, WPSA-BB, 25-27 de março de 2011, Dhaka, Bangladesh.

Das SC, Ahammed M, Chowdhury SD, Ali MA 2014: Ovo para mim, ovo para si, ovo para todos. Documento de síntese apresentado no Dia Mundial do Ovo, organizado pelo Departamento de Ciência Avícola e pela Associação Mundial de Ciência Avícola, secção do Bangladesh.

de Jonge L, Jackson F 2013: O laboratório de análise de alimentos para animais: Estabelecimento e controlo de qualidade. Criação de um laboratório de análise de alimentos para animais e implementação de um sistema de garantia de qualidade em conformidade com a norma ISO/IEC 17025:2005.

DLS 2005: Departamento de Serviços Pecuários, Governo da República Popular do Bangladesh.

DLS 2009: Departamento de Serviços Pecuários, Governo da República Popular do Bangladesh.

EFSA/ECDC 2014: Autoridade Europeia para a Segurança dos Alimentos/Centro Europeu de Prevenção e Controlo das Doenças.

El-Sayed A 2014: Análise da cadeia de valor da indústria egípcia de rações para aquacultura. WorldFish, Penang, Malásia. Relatório do projeto, pp. 2014-22.

Ershad SME, Islam SS, Mondal SC, Sarkar B 2004: Efficiency of trained farmers on the productivity of broilers in a selected area of Bangladesh. International Journal of Poultry Science, 3 503-506.

Comissão Europeia 1993: A situação da agricultura na Comunidade. 1992. Eurostat. Bruxelas/Luxemburgo. pp136-92.

FAO (Organização das Nações Unidas para a Alimentação e a Agricultura) 1990: Bangladesh smallholder livestock development project. Relatório de avaliação, FAO, Roma.

FAO (Organização das Nações Unidas para a Alimentação e a Agricultura) 2007: Bases de dados estatísticas. FAO, Roma, Itália.

FAO (Organização das Nações Unidas para a Alimentação e a Agricultura) 2013. Livro anual da produção. Roma, Itália.

FAO (Organização das Nações Unidas para a Alimentação e a Agricultura) 2015: Production Year Book. Roma, Itália.

FAO e OMS 2008: Impacto da alimentação animal na segurança alimentar. Relatório da reunião de peritos da FAO/OMS. 8-12 de outubro de 2007.

FEFAC 2013: Papel e importância dos instrumentos financeiros para a viabilidade económica da cadeia pecuária da UE: a perspetiva da indústria de alimentos para animais da UE. O sector europeu dos alimentos para animais.

GAIN 2013: O mercado dos lacticínios do Bangladesh Rede Mundial de Informação Agrícola (GAIN).

Glitsch K 2000: Consumer perceptions of fresh meat quality: cross-national comparison.

Gopalakrishnan e Mohanlal 1994: Livestock and poultry enterprises for rural development. Vikas Publishing House Pvt, Ltd., Nova Deli, Índia.

Grunert KG 1997: What's in a steak? A cross-cultural study on the quality perception of beef. Food Quality and Preference. 8 157-174.

Grunert KG, Bredahl L, Brunso K 2004: Consumer perception of meat quality and implications for product development in the meat sector- A review. Meat Science **66** 259-272.

Hasan MN, Hossain MS, Bari MA, Islam MR 2013: Agricultural land availability in Bangladesh. SRDI, Daca, Bangladesh, pp 42.

IES 2011: Relatório do Inquérito aos Rendimentos e Despesas das Famílias 2010. Gabinete de Estatística do Bangladesh, Ministério do Planeamento, Governo da República Popular do Bangladesh, Daca.

Hossain MJ e Hassan MF. 2013. Previsão da produção de leite, carne e ovos no Bangladesh. Res. J. Animal, Veterinary and Fishery Sci. Vol. 1(9), 7-13.

http://www.dls.gov.bd/livestockdevpolicv.php

http://www.old.dls.gov.bd/livestockdevpolicy.php

http://www.thedailystar.net/law/2007/03/01/index.htm

Humphrey A 2005: SWOT Analysis for Management Consulting". SRI Alumni Newsletter *(SRI* International).

Islam MH, Hashem MA, Hossain MM, Islam MS, Rana MS, Habibullah M 2012: Present Status on the Use of Anabolic Steroids and Feed Additives in Small Scale Cattle Fattening in Bangladesh (Situação atual da utilização de esteróides anabolizantes e aditivos alimentares na engorda de bovinos em pequena escala no Bangladesh). Progress. Agric. **23** 1-13.

Islam MK, Uddin MF, Alam MM 2014: Desafios e perspectivas da indústria avícola no Bangladesh. Jornal Europeu de Negócios e Gestão. **6** 116-127.

Islam MM, Shahidullah M 1989: Poultry knowledge of the farmers of a union in Mymensingh district, Bangladesh. Journal of Training and Development. **2** 12-18.

Islam MS 2015: Avaliação e classificação do gado indígena do Bangladesh para a produção de carne de bovino. Dissertação de doutoramento. Departamento de Ciência Animal, Universidade Agrícola do Bangladeche, Mymensingh, Bangladeche.

Jabbar MA, Husain SS, Islam SMF, Amin MR, Khandaker MAMY, Bhuiyan AKFH, Ali SZ, Faruque O 2010: Stakeholder perspectives on breeding strategy and choice of breeds for livestock development in Bangladesh (Perspectivas das partes interessadas sobre a estratégia de criação e a escolha de raças para o desenvolvimento da pecuária no Bangladesh). Bang. J. Anim. Sci. **39** 20-43.

Kaplinsky R 2000: Globalização e desigualdade: O que se pode aprender com a análise da cadeia de valor? Journal of Development Studies. **37** 117146.

Karim Z, Huque KS, Hussain MG, Ali Z, Hossain M 2010: Growth and Development Potential of Livestock and Fisheries (Potencial de crescimento e desenvolvimento da pecuária e da pesca). Fórum de Investimento em Segurança Alimentar do Bangladesh, Daca.

Knowles T, Moody R, McEachern MG 2007: European food scares and their impact on EU food policy. British Food Journal. **109** 43-67.

Korzen S, Lassen J 2010: A carne em contexto. Sobre a relação entre percepções e contextos. Appetite. **54** 274-281.

Koster EP, Mojet J 2007: Theories of food choice development. Em L. Frewer, & H. van Trijp (Eds.), Understanding consumers of food products, Woodhead, Cambridge, pp 93-124.

Krystallis A, Arvanitoyannis JS 2006· Investigating the concept of meat quality from the consumers' perspective: the case of Greece. Meat Science. 72 164-176.

Kurwijila L, Mwingira J, Karimuribo E, Shirima G, Lerna B, Ryoba R, Kilima B: 2011: Segurança dos alimentos de origem animal na Tanzânia: A Situational Analysis. Preparado para o projeto "Safe food, fair food". Instituto Internacional de Pesquisa Pecuária. Nairobi, Quénia.

Latif MA 2001: Estratégias de desenvolvimento de gado e aves de capoeira no Bangladesh. Actas da exposição avícola semi e internacional de 2001. Associação Mundial de Ciência Avícola, Secção do Bangladesh.

Leinonen I, Williams A, Wiseman J, Guy J, Kyriazakis I 2012: Previsão dos impactos ambientais dos sistemas de criação de frangos no Reino Unido através de uma avaliação do ciclo de vida: Broiler production systems. Poult. Sci. **91** 8-25.

Louw A, Schoeman J, Geyser M 2013: Estudo da cadeia de abastecimento da indústria de carne de porco e de frango com ênfase em questões relacionadas com a alimentação e a alimentação. Jornal de Economia e Desenvolvimento Agrícola. 2 134-146.

Lwoga A, Urio N 1987: Um inventário dos recursos alimentares para o gado na Tanzânia. In: Animal feed resources for small-scale livestock producers (Recursos de alimentação animal para produtores de gado de pequena escala). Actas do segundo Workshop PANESA realizado em Nairobi, Quénia, de 11 a 15 de novembro de 1985. Centro Internacional de Investigação para o Desenvolvimento (IDRC), Ottawa, pp 23-34.

MacLachlan I 2008: Humanitarian Reform, Slaughter Technology, and Butcher Resistance in Nineteenth-Century Britain, pp 107-126

Malmfors G, Wiklund E 2012: Pre-slaughter handling of reindeer-effects on meat quality (Manuseamento de renas antes do abate - efeitos na qualidade da carne). Meat Science 43 257-64.

Miles S, Frewer LJ 2001: Investigating specific contents about different food hazards. Food Quality and Preference. **12** 47-61.

Mitchell D 1997. The Livestock and Poultry Sub-Sector in Bangladesh, Mission Report. Banco Mundial.

MoFL (Ministério das Pescas e da Pecuária) 2004: Melhoria do património pecuário: O que estamos a fazer? 18 de novembro de 2004.

Morkbak MR, Christensen BJ 2010: Consumer preferences for safety characteristics in pork. British Food Journal. **112** 775-791.

Mthente Research and Consulting Services (Pty) Ltd 2013: Promoção de Oportunidades para a Produção e Processamento de Carne de Cabra no Noroeste para Empresários e Investidores.

Murshed HM 2014: Estudo sobre o manuseamento, processamento e qualidade microbiana da carne nas divisões de Dhaka, Chittagong e Sylhet no Bangladesh. Tese de Mestrado, Departamento de Ciência Animal, Universidade Agrícola do Bangladesh, Mymensingh, Bangladesh.

PNDP (Política Nacional de Desenvolvimento Pecuário) 2007: Ministério das Pescas e da Pecuária. Governo da República Popular do Bangladesh.

PNL (Política Nacional de Pecuária) 2016. Política nacional de pecuária.

República da Somalilândia. pp 1-70.

Okanovic D 2007: Economic signifficance of production and processing of pork, I International Congress: Tecnologia, qualidade e segurança alimentar. XI Simpósio NODA. Tecnologia, qualidade e segurança da carne de porco. Actas.

Okanovic D, Zekic V, Petrovic L, Tomovic V, Dzinic N 2006: Ekonomicnost proizvodnje svinjskog mesa u polutkama, Tehnologija mesa, pp 237-241.

Opio C 2013: Greenhouse gas emissions from ruminant supply chains-A global life cycle assessment (Emissões de gases com efeito de estufa das cadeias de abastecimento de ruminantes - uma avaliação global do ciclo de vida).

Lontra C 2008: Civilizing Slaughter: The Development of the British Public Abattoir. 1850-1910. pp 89-106.

Pearce JA, Robinson RB, Mital A 2012: Gestão Estratégica: Formulação, Implementação e Controlo, 12 ed. McGraw Hill: Nova Deli, Índia.

Perez MP, Palacio J, Santolaria MP, Acena MC, Chacon G, Gascon M, Calvo JH, Zaragoza P, Beltran JA, Gracia-Belenguer S 2002: Efeito do tempo de transporte no bem-estar e na qualidade da carne de suínos. Meat Sci. **61** 425-433.

Peters B.G 1996: The Policy Capacity of Government . Centro Canadiano para o Desenvolvimento da Gestão, Documento de Investigação 18.

PKSF 2007: Opportunities and Challenges of Livestock Sector in Bangladesh (A brief research findings of MFTS project, PKSF), Palli Karma-Sahayak Foundation (PKSF), Dhaka 1207.

Comissão de Planeamento 2011: Sexto Plano Quinquenal 2011-FY 2015: Acelerar o Crescimento e Reduzir a Pobreza, Parte 2: Estratégias, Programas e Políticas Sectoriais. Comissão de Planeamento, Ministério do Planeamento, Governo da República Popular do Bangladesh.

Prasad SA, Kumaresan SS, Lathawal MB, Manimaran A 2013: Novo paradigma na produção pecuária, da agricultura tradicional à agricultura comercial e mais além.1st edn., Publ: Agrotech Publishing Academy, Udaipur. ppl75.

Rahman MS, Miah MAM, Rahman MH 2000: Dairy cow rearing efficiency in income and employment: a study of two districts of Bangladesh. Bangladesh Journal of Animal Science. **29** 11-20.

Rahman S, Begum IA, Alam MJ 2014: Pecuária no Bangladesh: distribuição, crescimento, desempenho e potencial. Investigação pecuária para o desenvolvimento rural. Volume26,(10)

http://www.lrrd.org/lrrd26/ 10/rahm26173 .html

Rahman SME 2001: Engorda de bovinos com palha de melaço de ureia e seu efeito na ingestão, crescimento e características da carcaça. Tese de Mestrado, Departamento de Ciência Animal, Universidade Agrícola do Bangladesh, Mymensingh.

Rana KMA, Rahman MS, Sattar MN 2012: Rentabilidade da produção de frangos de carne em pequena escala em algumas áreas seleccionadas de Mymensingh. Progress. Agric. **23** 101-109.

Rémy C 2003: Une mise à mort industrielle "humaine"? L'abat-toir ou l'impossible objectivation des animaux. Politix16 51-73.

Ristic M, Okanovic D 2008: Processing of animal wastes and environment, XII Intemacional ECO-conference, Movimento Ecológico da Cidade de Novi, Actas, pp 321-326.

Safalaoh A, Chapoteta J 2006: A preliminary evaluation of the stock feed industry in Malawi. Jornal de Ciências Agrícolas do Malawi. **3** 3239.

Saleque MA 2010: Livestock and Livelihoods-The role of BRAC in livestock development in Bangladesh, apresentado em Review of Livestock Research Programs and preparation of future research, organizado pelo BRAC. União Mundial para a Conservação da Natureza (IUCN), 2002. Communities and forest management in South Asia.

Schmidt S, Magigi W, Godfrey B 2014: A organização da agricultura urbana: Associações de agricultores e urbanização na Tanzânia. Cidades. Prova corrigida.

Shipton TA, Hecht T 2005: A review of the animal and aquafeed industries in South Africa (Uma revisão das indústrias de alimentação animal e aquática na África do Sul). In: A synthesis of the formulated animal and aquafeed industry in sub-SaharanAfrica (Moehl, J. Halwart, M. eds.). No. 26. Organização para a Alimentação e Agricultura dos Estados Unidos.

Smith M 2002: The 'ethical'space of the abattoir: On the (in) human(e) slaughter of other animals". Human Ecology Review *9* 49-58.

Sofos JN 2008: Desafios à segurança da carne no século XXI. Meat Science. **78** 13.

Spescha C, Stephan R, Zweifel C 2006: Contaminação microbiológica de carcaças de suínos em diferentes fases de abate em dois matadouros aprovados pela União Europeia. Journal ofFood Protection **69** 2568-2575.

Tareque ANM, Chowdhury ZH 2010: Prioridade da investigação agrícola: Vision-2030 and beyond, Sub-sector: Pecuária, Centro de Investigação Agrícola do Bangladesh (BARC), Daca, abril de 2010.

O diário Naya Diganta 10th dezembro de 2015.

O preço diário do Samokal 2016: O preço do pintinho de um dia é BDT 115. Terça-feira, 16th fevereiro de 2016, The daily Samokal.

The Daily Star 2014. Utilização de resíduos de curtume na alimentação de aves e antibióticos. The Daily Star 15 de julho de 2O14.pp 1.

Lei de controlo do abate de animais do Punjab, 1963 (w.p. Act iii of 1963).

Uddin MM 2014: Recursos de alimentação animal e sua gestão em Bangladesh: Precedence on Assessment of Animal feeds and their characterization, FAO, Escritório Regional, Bankok, Tailândia.

Upton M 2004: Role of Livestock and Poultry in Economic Development and Poverty Reduction, Pro-Poor Livestock Policy Initiative, PPLPI working PaperNo. 10.

USEPA 2007: Inventory of U.S. Greenhouse Gas Emissions and Sinks (Inventário das Emissões e Sumidouros de Gases com Efeito de Estufa dos EUA): 1990-2005, USEPA #430-R-07-002, Agência de Proteção Ambiental dos EUA, Washington, DC.

Verbeke W, Vackier I 2004: Profile and effects of consumer involvement in fresh meat. Meat Science **67** 159-168.

Warriss, PD. 1995. Pig handling: guidelines for the handling of pigs antemortem. Meat Focus International. 4:491-494.

Williams AG, Audsley E, Sandars DL 2006: Determining the environmental burdens and resource use in the production of agricultural and horticultural commodities vol Main Report. Instituto Nacional de Gestão dos Recursos, Universidade de Cranfield e Defra Bedford.

Banco Mundial 2010: Agricultural Insurance in Bangladesh Promoting Access to Small and Marginal Farmers South Asia Poverty Reduction, Economic Management, Finance and Private Sector Development, The World Bank, ReportNo. 53081-BD, June, 2010.

Yeung RMW, Morris J 2001: Food safety risk: consumer perception and purchase behavior. BritishFood Journal. **103** 170-186.

Zweifel C, Fischer R, Stephan R 2008: Microbiological contamination of pig and cattle carcasses in different small-scale Swiss Abattoirs (Contaminação microbiológica de carcaças de suínos e bovinos em diferentes matadouros suíços de pequena escala). MeatSci. **78** 225-231.

CAPÍTULO 8

APÊNDICES

Apêndice 1 Programa de entrevistas sobre os conhecimentos dos agricultores relativamente à lei do abate de animais, à lei da alimentação animal e à política de desenvolvimento das aves de capoeira

1. Informações sobre o inquirido

Nome: Idade: Formação académica:

Dimensão da família: Rendimento anual:

Endereço:

Género: Masculino ☐   Feminino ☐

2. Tipos de agricultura e quantidades

Tipos	Não.
Pintos	
Patos	
Pecuária	

3. Experiência na agricultura: .... Anos

4. A sua exploração agrícola está registada pelo governo? Sim: Não:

5. Conhecimento dos agricultores sobre a lei do abate de animais, 2011

SI. Não.	Perguntas	Sim	Não
i.	Conhece a lei do abate?		
ii.	O talhante tem em conta a idade, o sexo, a gravidez e a lactação durante o abate do animal?		
iii. \	Sabiam que sem matadouro não se pode abater nenhum animal, exceto na festa do santo e na festa da família?		
iv.	Já ouviste falar do dia restrito de abate de animais?		
v.	O animal vivo e a carcaça foram examinados para conhecer o estado de saúde antes e depois do abate?		
vi.	Se o matadouro atual é ou não amigo do ambiente?		
vii.	O talhante procede a uma sangria adequada?		

viii.	O tribunal móvel actua para proibir o crime relacionado com o ato de abate?		
ix.	Sabe que a forma irregular é mantida e que os cortes não devem ocorrer?		
x.	O talhante segue o sistema de esfolamento "pendurar e puxar"?		
xi.	O inspetor sanitário visita o matadouro?		

6. Conhecimento dos agricultores sobre a lei da alimentação animal, 2010

SI. Não.	Perguntas	Sim	Não
i.	Conhece a lei da alimentação?		
ii.	Está a comprar e a produzir ingredientes disponíveis localmente para a alimentação de animais e aves?		
iii.	Está a enfrentar o problema da falta de vacinas e de alimentos para animais?		
iv.	Conhece as utilizações dos resíduos de curtumes proibidas na alimentação animal?		
v.	Está a comprar alimentos prontos sem probióticos, antibióticos e promotores de crescimento?		
vi.	Verifica o prazo de validade das embalagens de alimentos para animais?		
vii.	É atribuído um número de lote para identificar os alimentos para animais?		
viii.	O peso líquido é indicado nos alimentos embalados?		
ix.	O peso da ração por saco é variável?		
x.	Se o nome dos ingredientes e as percentagens são indicados?		
xi.	Se o número do lote é indicado para identificar os alimentos para peixes e para animais?		
xii.	Já experimentou uma mistura de coccidiostático, antibiótico e probiótico?		
xiii.	Os preços dos alimentos para animais por saco são variáveis?		
xiv.	É possível encontrar alimentos para animais?		
xv.	O mosto foi utilizado em alimentos prontos para consumo?		

| xvi. | Prefere ração em pellets? | | |

7. Conhecimento dos agricultores sobre a política de desenvolvimento avícola, 2008

SI. Não.	Perguntas	Sim	Não
i.	Já tem conhecimento da política de desenvolvimento da avicultura?		
ii.	Está a ter problemas para obter o DOC?		
iii.	Está a receber pintos de um dia com peso corporal normal?		
iv.	A vacina 1st é administrada ao DOC durante a entrega dos pintos?		
v.	É possível comprar pintos de boa qualidade?		
vi.	Conhece a classificação dos pintos promulgados?		
vii.	Compram pintos isentos de salmonelose?		
viii.	Está a comemorar a semana nacional das aves de capoeira?		
ix.	Tem alguma demonstração de uma exploração avícola?		
x.	Recebeu alguma ajuda do BLRI/DLS para confirmar a qualidade dos medicamentos e das vacinas?		
xi.	Tem algum apoio para a criação de aves domésticas e comerciais?		
xii.	O veterinário visita ou não a sua exploração para controlo?		
xiii.	Recebeu apoio de um nutricionista para a análise dos alimentos?		
xiv.	Recebeu algum apoio para fazer fertilizante orgânico a partir de resíduos de aves de capoeira?		
xv.	Informou-se sobre a restrição de venda de aves vivas na corporação da cidade?		
xvi.	Existe algum mercado especial e saudável para a venda de aves e produtos avícolas?		
xvii.	Recebeu alguma formação sobre a criação de aves de capoeira?		
xviii.	Tem informações sobre a biossegurança na sua exploração agrícola?		
xix.	Conhece a agricultura biológica mencionada na política avícola?		

8. A sua exploração é rentável? Sim: Não:

9. Com que tipo de problemas se depara? ....

10. Como é que vende o seu gado ou a sua ave? ....

11) Qual é a distância entre a sua exploração e outra exploração? São 200 metros?
....

12.1. É ou não numa zona densamente povoada? Sim: Não:

13. Qual é a tendência da vossa produção de gado? Aumentando:

Diminuir:

14. Vende os seus produtos animais diretamente no mercado vizinho, sem os vender através de intermediários? Sim: Não:

15. Dê a sua opinião sobre o desenvolvimento do efetivo pecuário no Bangladesh

....

Assinatura do entrevistador

Data:

Apêndice 2 Programa de entrevistas sobre a Lei dos Talhantes para Abate de 2011

1. Informações sobre o inquirido

Nome: Idade: Formação
académica:

Dimensão da família: Rendimento anual:

Endereço:

2. Já ouviu falar da Lei do Abate? Sim: Não:

Em caso afirmativo, como teve conhecimento da lei?

i. Participar em acções de formação   ii.   Através
dos meios de comunicação social
iii. Comunicação com o governo, pessoal iv. Demonstração no terreno

v. Outros (caso existam).......................

Se não, por que razão não tem conhecimento da lei?

i. Falta de sensibilização   ii. Falta de acesso à formação
iii.Não ouviram qualquer propaganda dos meios de comunicação social

        iv.   Menos contacto com o pessoal da administração pública/DLS/ULO
    v. Outros

3. Conhecimento e perceção dos diferentes componentes do ato de abate

i. Idade do animal de abate: ii. Sexo do animal: Macho: Fêmea:

Ambos:

ii. Tipos de animais: Bovinos: Caprinos:

Búfalo:

SI. Não.	Perguntas	Sim	Não
i.	Sabiam que sem matadouro não se pode abater nenhum animal, exceto na festa do santo e na festa da família?		
ii.	O animal foi mantido no estábulo antes do abate?		
iii.	Preocupa-se com a segurança ambiental (ar, água) durante o abate do animal?		
iv.	Cumprem as disposições relativas ao abate de animais e à eliminação de resíduos previstas na lei?		
v.	Já ouviste falar do dia restrito de abate de animais?		
vi.	O animal vivo e a carcaça foram examinados para conhecer o estado de saúde antes e depois do abate?		
vii.	A carne contém o nível tolerável de antibióticos, conservantes, hormonas, substâncias venenosas, metais pesados e microrganismos?		
viii.	A carcaça, a carne, as miudezas consumíveis, a água usada e o gelo são recolhidos para análise de amostras e examinados pelo laboratório veterinário de saúde pública e microbiologia?		
ix.	Se o vosso matadouro é amigo do ambiente ou não?		
x.	O seu matadouro, centro de transformação de carne e fábrica estão instalados de acordo com as dimensões prescritas e as instalações disponíveis?		
xi.	Obteve licenças para criar um matadouro, um centro de transformação e venda de carne junto das autoridades competentes?		
xii.	Sabe que a licença deve ser renovada ao fim de um ano?		
xiii.	O inspetor de carne visita o seu centro de abate?		
	e dar qualquer marca ao animal?		
xiv.	É efectuada uma sangria adequada durante o abate?		
xv.	O tribunal móvel actua para proibir o crime		

	relacionado com o ato de abate?		
xvi.	Sabe que são necessários 4-5 minutos para que a carne *halal seja sangrada* corretamente?		
xvii.	A esfola e a conservação dos couros e peles são efectuadas de acordo com as disposições?		
xviii.	Cortou alguma parte do couro e da pele durante a esfola?		
xix.	Respeita a idade obrigatória para o abate, consagrada na lei do abate?		
xx.	Existem formas irregulares e cortes em lâminas?		
xxi.	Introduziram o sistema de esfolamento "hang and pull"?		
xxii.	O inspetor sanitário visita o vosso matadouro?		
xxiii.	Vendem os subprodutos?		

4. Qual é a sua opinião sobre o atual sistema de penas de prisão e de sanções suficientes para combater a infração e a reincidência (para a primeira infração, um ano de prisão ou 5-25 mil Tk. ou ambos; para a reincidência, o dobro das penas e sanções da primeira infração)?

a. A pena de prisão e a sanção em vigor são óptimas   b. Precisa de ser mais

c. Deve ser diminuído   . Deveria ser reformado

5. Onde é que se abatem os animais?

o No matadouro ☐

o No espaço aberto ☐

o Para além das estradas ☐

o Outros locais ☐

   6. Como é que se eliminam os resíduos de matadouros?

o No espaço aberto ☐

o No local de compostagem ☐

o Para além das estradas ☐

o Vender a outras pessoas ☐

7. Como está o vosso sistema de esgotos?

o Modem (com abastecimento de água e canal de drenagem)

o Tradicional (com instalações moderadas)

o Pobre (Não tem instalações)

8. Como é que se transporta o animal vivo e a carcaça para o centro de venda?

o Por van

o Riquixá

o GNC/auto rikshaw

o Outros

9. Quais são os problemas com que se depara para criar um matadouro mecanizado?

10. Considera que é necessária uma lei e uma disposição adicionais sobre o abate de animais para além das existentes? Quais são esses

----

Assinatura do entrevistador   **Data:**

Apêndice 3 Programa de entrevistas sobre a Lei de 2011 relativa aos transformadores de carne para abate

1. Informações sobre o inquirido

Nome: Idade: Educação:

Dimensão da família: Rendimento anual:

Endereço:

2. Já ouviu falar da lei do abate para o centro de processamento? Sim:

Não:

Em caso afirmativo, como teve conhecimento da lei?

i. Participação em acções de formação ii. Através dos meios de comunicação social

iii. Comunicação com o governo, pessoal iv. Demonstração no terreno

Outros (se for o caso) ....

Se não, por que razão não tem conhecimento da lei?

i.Falta de sensibilizaçãoii   . Falta de acesso à formação

iii. Não ouviram qualquer propaganda dos meios de comunicação social

iv. Menos contacto com o pessoal do governo/DLS/ULO

v. Outros

SI. Não.	Perguntas	Sim	Não
i.	Dispõe de instalações de modem na sua fábrica/centro de processamento?		
ii.	Se o centro de vendas é certificado pela autoridade designada?		
iii.	Se o vosso matadouro é amigo do ambiente ou não?		
iv.	Utiliza água limpa na sua unidade de transformação?		
v.	Se as pessoas envolvidas na transformação da carne estão isentas de doenças infecciosas e contagiosas?		
vi.	Estão certificados por um médico registado no caso de estarem curados das doenças acima referidas?		
vii.	O diretor, o proprietário ou a pessoa responsável conserva o atestado médico dos empregados da instalação/centro de transformação ou do matadouro?		
viii.	Mostra o certificado de saúde quando o veterinário o inspecciona?		
ix.	Cumprem as disposições relativas ao transporte e comercialização de carne e produtos à base de carne previstas na lei?		
x.	A DG ou um funcionário autorizado inspecciona o seu centro/centro de transformação de carne?		
xi.	Importa carne, com base na lei de quarentena de animais e produtos animais de 2005?		

3. Que outros elementos devem ser incluídos para além da Lei do abate para a unidade de transformação

SI. não	Questão	Sim	Não
i.	Deverá existir um centro de venda de modems em cada ponto de venda		
ii.	Deve dispor de instalações de higienização das carcaças		
iii.	Deve produzir produtos de carne com valor acrescentado, incluindo salsichas, almôndegas, nuggets, etc.		

iv.	Deve dispor de instalações de autenticação de carne e produtos à base de carne		
v.	Deve existir um sistema de classificação da carne		
vi.	Deve dispor de instalações de refrigeração e de ebulição		
vii.	Deveria ter melhorado os sistemas de embalagens		
viii.	Deve ter um sistema de refrigeração		
ix.	Deve ser introduzido um sistema de preços fixos		

4. Compram o animal vivo para a vossa unidade de transformação? Sim:

Não:

Em caso afirmativo, onde é que se recolhe o animal vivo?

o Exploração própria

o Mercado local

o Por fornecedor

o Outros

5. Indicar o lucro líquido anual da sua unidade/centro de transformação

---------------- BDT

6. Indique o número total de trabalhadores da sua unidade de transformação

-----------------(No.)

7. Quais são os problemas que enfrenta para estabelecer uma fábrica de processamento mecanizado?

o

o

8. Qual é a temperatura que mantém na refrigeração da carne e durante quantas horas?

------------ °c ; ------------ hrs.

9. Como é que vende o seu produto de carne?

o Venda inteira ☐

o Retalho ☐

o No próprio supermercado ☐

o Exportação ☐

o Outros ☐

10. Quanto tempo é necessário para vender a carne depois de a trazer da refrigeração?

11. Indicar o meio de transporte desde a esfola até à transformação

o

o

o

12. Por favor, dê sugestões para melhorar o estabelecimento de matadouros mecanizados

o

o

o

Assinatura do entrevistador   **Data:**

Apêndice 4 Programa de entrevistas aos comerciantes e distribuidores da lei relativa aos alimentos para animais e à política de desenvolvimento das aves de capoeira

1. Informações sobre o inquirido

Nome: Idade: Educação:

Dimensão da família: Rendimento anual:

Endereço:

2. Tem licença de comércio?   Sim: Não

3. Já ouviu falar da lei relativa à alimentação animal e da política de desenvolvimento das aves de capoeira? Sim: Não

Em caso afirmativo, como teve conhecimento da lei?

   i. Participar em acções de formaçãoii   . Através dos meios de comunicação social

iii. Comunicação com o governo, pessoal iv. Demonstração no terreno

v. Outros (caso existam)...................

Se não, por que razão não tem conhecimento da lei?

i. Falta de sensibilizaçãoii   . Falta de acesso à formação

iii.Não ouviram qualquer propaganda dos meios de comunicação social

     iv. Menos contacto com o pessoal da administração pública/DLS/ULO v. Outros

4. Que tipo de produtos fornece a sua empresa?

Pintinho: Alimentação:

  Medicamentos: Vacina:

Utensílio:

5. Questões relacionadas com a lei da alimentação animal e a política de desenvolvimento das aves de capoeira

Sl. Não.	Perguntas	Sim	Não
i.	Está a comprar e a vender ingredientes para rações para aves de capoeira disponíveis localmente?		
ii.	Está a enfrentar problemas de falta de vacinas, de pintos ou de alimentos para animais?		
iii.	Os resíduos de curtumes como fonte de concentrado proteico que é mantido na sua loja		
iv.	A vacina 1st é administrada ao DOC durante a entrega dos pintos?		
v.	Está a comprar e a vender alimentos prontos sem probióticos, antibióticos e promotores de crescimento?		
vi.	Se as suas embalagens de alimentos para animais têm o número de registo, o estado hermético, a embalagem e o recipiente autorizados, o código de identificação da fonte dos ingredientes, etc.?		
vii.	Os alimentos com prazo de validade expirado estão a ser vendidos a si?		
viii.	A data de produção e o prazo de validade são mencionados nos alimentos para animais embalados?		
ix.	É atribuído um número de lote para identificar os alimentos para animais?		
x.	O peso líquido é indicado nos alimentos embalados?		
xi.	O peso da ração por saco é variável?		

xii.	Se o nome dos ingredientes e as percentagens são indicados?		
xiii.	Se o número do lote é indicado para identificar os alimentos para peixes e para animais?		
xiv.	Sabe que a comercialização de alimentos para animais não é permitida se os requisitos acima mencionados não constarem da embalagem?		
xv.	Algum funcionário autorizado visitou e recolheu amostras para testes de qualidade?		
xvi.	Algum inspetor visita a sua empresa para destruir alimentos podres, insalubres, adulterados e poluídos?		
wii.	Fornecem pintos de boa qualidade à exploração?		
viii.	Conhece a classificação dos pintos promulgados?		
xix.	Recebeu da fábrica de rações uma mistura de coccidiostático, antibiótico e probiótico?		
xx.	Está a comprar e a vender pintainhos isentos de salmonelose?		
xxi.	A infração cometida por violação da lei dos alimentos para animais é passível de fiança e não é reconhecível?		
xxii.	A pena de 50 000 tokens ou de 1 ano de prisão é suficiente para cometer uma infração ao abrigo desta lei?		
xxiii.	Os preços dos alimentos para animais por saco são variáveis?		
xxiv.	É possível encontrar alimentos para animais?		
xxv.	O mosto foi utilizado em alimentos prontos para consumo?		
xxvi.	Prefere ração em pellets?		

6. Com que tipo de problemas se depara na compra e venda dos factores de produção?

7. Dê a sua opinião sobre o desenvolvimento do efetivo pecuário no Bangladesh

----

Assinatura do entrevistador

Data:

1. Informações sobre o inquirido

Nome: Idade: Educação:

Dimensão da família: Rendimento anual:

Endereço:

2. Já ouviu falar da lei relativa à alimentação animal?   Sim: Não

Em caso afirmativo, como teve conhecimento da lei?

   ii.   Participar em acções de formaçãoii   . Através dos meios de
comunicação social

iii. Comunicação com o governo, pessoal iv. Demonstração no terreno

Outros (se for o caso) ....

Se não, por que razão não tem conhecimento da lei?

i. Falta de sensibilizaçãoii   . Falta de acesso à formação

iii.Não ouviram qualquer propaganda dos meios de comunicação social

   iv.   Menos contacto com o pessoal do governo/DLO/ULO   v. Outros

3. Questões relacionadas com a lei da alimentação animal

Sl. Não.	Perguntas	Sim	Não
i.	Tem licença?		
ii.	Está a importar farinha de carne e ossos certificada como isenta de EET pela autoridade veterinária do país de exportação?		
iii.	As farinhas de carne e ossos são importadas de fontes animais não identificadas?		
iv.	Sabia que o governo incentiva a importação de soja e a criação de moinhos de soja para utilizar a farinha de soja na alimentação animal?		
v.	A importação de farinhas de carne e ossos de suíno está sujeita a restrições?		
vi.	É exacta a percentagem de ingredientes que se encontra escrita no saco pronto para venda?		
vii.	Sabia que os resíduos de curtumes não devem ser utilizados como fonte de proteínas?		

viii.	Sabe se os antibióticos, as hormonas de crescimento e os coccidiostáticos são proibidos na alimentação animal?		
ix.	Está a utilizar ingredientes não convencionais que estão disponíveis localmente nos alimentos para animais?		
x.	Conhece alguma lei alimentar que ainda não tenha sido aplicada?		
xi.	Sabe que os alimentos nocivos ou adulterados são proibidos?		
xii.	O Governo, ou a direção/organização designada pelo Governo, está a tomar as medidas necessárias para preservar a qualidade dos alimentos e ingredientes para aves de capoeira?		
xiii.	É utilizado algum tipo de inseticida nos alimentos para animais?		
xiv.	Se o alimento em puré está disponível na sua mão?		
xv.	Os alimentos com prazo de validade expirado estão a ser vendidos a si?		
xvi.	A data de produção e o prazo de validade são mencionados nos alimentos para animais embalados?		
xvii.	É atribuído um número de lote para identificar os alimentos para animais?		
xviii.	Os alimentos para animais isentos de radioatividade devem ser certificados durante a importação e anexados ao documento de fornecimento é obrigatório. Sabe o que é?		
xix.	O peso líquido é indicado nos alimentos embalados?		
xx.	O peso da ração por saco é variável?		
xxi.	Os alimentos adulterados ou estragados estão a ser destruídos?		
xxii.	A infração cometida ao abrigo desta lei é passível de caução ou de reconhecimento?		
xxiii.	A pena de 50 000 tokens ou 1 ano de prisão é suficiente para cometer uma infração ao abrigo desta lei?		
xxiv.	Sabe que é necessário garantir uma alimentação de qualidade?		

xxv.	Conhece os alimentos para animais nocivos e adulterados que produzem, comercializam e transformam totalmente a banda?		
xxvi.	Conhece a autoridade de controlo dos alimentos para animais?		
xxvii.	Conhece a autoridade responsável pelo licenciamento dos alimentos para animais?		
xxviii.	Sabe que a comercialização da transformação de alimentos para animais sem licença é totalmente proibida?		
xxix.	Sabe que é obrigatório seguir as normas relativas aos alimentos para animais?		
xxx.	Está a cumprir a lei que restringe a não adulteração de alimentos para aves de capoeira?		
xxi.	Está a cumprir a lei relativa aos alimentos para aves de capoeira promulgada pelo governo?		
xxii.	A licença será cancelada e cessará se forem encontrados ingredientes inaceitáveis ou prejudiciais nos alimentos para animais. Sabe o que é?		
xxiii.	Em caso de anulação da licença ou de adiamento, o governo toma qualquer medida para a resolução do recurso. Tem conhecimento?		

Que tipo de alimentos para animais está a fabricar?

o Pellets

o Puré

o Ambos

Duração da armazenagem dos alimentos: ....

Qual é a sua fonte de proteínas para a formulação de rações?

o

o

o

o

Dê a sua opinião sobre o desenvolvimento do efetivo pecuário no Bangladesh

o

o

o

o

o

Assinatura do entrevistador   **Data:**

Apêndice 6 Programa de entrevistas com os proprietários de animais de criação/explorações de incubação para a política de desenvolvimento avícola

1. Informações sobre o inquirido

Nome: Idade: Educação:

Dimensão da família: Rendimento anual:

Endereço da quinta:

2. Quem se ocupa da gestão das incubadoras?

o Ele/ela próprio/a

o Gestor

o Ambos

3. Questões relacionadas com a política de desenvolvimento da avicultura

SI. Não.	Perguntas	Sim	Não
i.	Conhece a política de desenvolvimento das aves de capoeira?		
ii.	Conhece a classificação dos pintos promulgada?		
iii.	Seguem algum sistema de classificação no caso de fornecimento de pintos?		
iv.	Fornecem pintos de boa qualidade às explorações agrícolas?		
v.	Na altura da entrega dos pintos, é administrada a primeira vacina, como a vacina de Mareks ou a vacina de Ranikhet?		
vi.	Se os pintos estão isentos de todos os tipos de defeitos físicos e doenças?		
vii.	Importam pintos de um dia de idade?		
viii.	Está indemne de gripe aviária certificada pela autoridade designada do país exportador?		

ix.	Mantém a bio-segurança?		
x.	Criaram um centro de incubação ecológico num local adequado para garantir a biossegurança?		
xi.	Os seus ascendentes e descendentes estão a menos de 2 km de distância de outra exploração?		
xii.	Os resíduos da incubadora são eliminados de forma saudável?		
xiii.	Se tem alguma cooperação para controlar as doenças transfronteiriças das aves de capoeira a nível regional e mundial?		
xiv.	Dispõem de técnicos suficientes para fornecer a vacina?		
xv.	Tem algum apoio para a promoção de pintos geneticamente potenciais no contexto do ambiente local?		

3. O que fez com os pintainhos machos?

5. No caso dos pintos de categoria A, o peso dos pintos de um dia da camada branca é de 33 gm, da camada vermelha de 31 gm e dos frangos de carne de 36 gm ou não?

6. No caso dos pintos de categoria A, o que se encontra é um olho brilhante e um umbigo seco ou não?

7. No caso dos pintos de categoria B, o peso dos pintos de um dia da camada branca é de 30 g, da camada vermelha de 31 g e dos frangos de carne de 33 g ou não?

8. No caso dos pintos de categoria B, o que se encontra é um olho brilhante e um umbigo seco ou não?

9. Como é que se mantém o preço do pinto?

10. Dê a sua opinião sobre o desenvolvimento do efetivo pecuário no Bangladesh.

Assinatura do entrevistador

Data:

Apêndice 7 Programa de entrevistas ao DLO/ULO/cirurgião veterinário sobre a lei relativa ao abate de animais, a lei relativa aos alimentos para animais e a política de desenvolvimento das aves de capoeira

1. Informações sobre o inquirido

Nome: Idade: Tamanho da família:

Rendimento anual:

Endereço:

2. Posição atual

o   DOP

o   VS

o   ULO

o   DLO

3. Habilitações literárias

o   B.Sc.AH.(Hons.)

o   DVM

o   EM

o   Doutoramento

4. Experiência profissional: .... Anos

SI. Não.	Perguntas	Sim	Não
i.	Conhece a lei relativa ao abate de animais?		
ii.	Seguiu a lei relativa ao abate de animais?		
iii.	Conhece a lei relativa à alimentação?		
iv.	Seguiu a lei da alimentação?		
v.	Tem conhecimento da política de desenvolvimento da avicultura?		
vi.	Seguiu a política de desenvolvimento das aves de capoeira?		
vii.	Conhece a lei relativa aos médicos veterinários?		
viii.	Seguiu a lei relativa aos médicos veterinários?		
ix.	Está registado como médico veterinário?		
x.	Conhece algum veterinário não registado que não esteja autorizado a exercer a sua profissão?		
xi.	Mantém o intervalo de segurança dos medicamentos na sua prescrição?		
xii.	Seguem as normas internacionais no caso da utilização de probióticos e antibióticos?		
xiii.	Dá sugestões de alimentação e de gestão do alojamento ao agricultor?		
xiv.	Sabe qual é o efeito residual dos medicamentos que não devem ser utilizados nos produtos avícolas? Está a manter?		
xv.	Está a aconselhar o agricultor a não vender		
xvi.	Incentiva o agricultor a vender carne de frango e de aves de capoeira preparada?		
xvii.	Aconselha o agricultor a manter o método da cadeia de frio na venda de aves de capoeira preparadas?		
xviii.	Está envolvido na vigilância das doenças das aves de capoeira a nível governamental e privado?		
xix.	Durante a instalação da exploração, o registo, o controlo do valor dos alimentos, o controlo das doenças e outros, segue a lei/provisão/ordem?		

xx.	A comercialização de aves vivas, a biossegurança na corporação da cidade e Pouroshava devem ser mencionados na política. Sabe?		
xxi.	Está a trabalhar no desenvolvimento do empreendedorismo ou na exportação de produtos pecuários?		
cxii.	Está a trabalhar para manter a qualidade dos alimentos para pintos, dos medicamentos e das vacinas?		
xiii.	No caso da importação de animais, foram ou não criadas instalações de quarentena? Tem conhecimento?		
xiv.	Toma iniciativas em matéria de epidemiologia, de notificação de doenças e de sistema de registo?		
kxv.	Tomam alguma iniciativa no âmbito do programa de extensão de controlo das doenças?		
xvi.	O protocolo de biossegurança está ao alcance do agricultor?		
wii.	Encoraja e ajuda a criação de laboratórios de diagnóstico de doenças a nível privado?		
viii.	Tomam medidas para produzir medicamentos e vacinas para aves de capoeira?		
xix.	Tem um plano a longo prazo para prevenir e controlar doenças como a gripe das aves e outras doenças infecciosas?		

5. Quais são os actos de Govt que segue?

6. O que pensa da produção de aves de capoeira biológicas ao dar tratamento à exploração?

7. Dê a sua opinião sobre o desenvolvimento do efetivo pecuário no Bangladesh

----
Assinatura do entrevistador   **Data:**

Apêndice 8 Discussão em grupo de discussão (FGD)
Académicos/Investigadores/Pessoal relevante do Governo.

1.   O seu nome, por favor: Profissão:

2. O Governo do Bangladesh tomou a iniciativa de aplicar diferentes leis e políticas relacionadas com o desenvolvimento do subsector da pecuária e das aves de capoeira. Qual é a sua opinião sobre a lei relativa ao abate, a lei relativa aos alimentos para animais e as iniciativas em matéria de políticas de produção de aves de capoeira?

3. Quais são as lacunas de aplicação que considera existirem sobre os actos no contexto do Bangladesh?

4. Como é que estas lacunas podem ser minimizadas?

5. Quais são os papéis que pode desempenhar ou desempenhar para minimizar as lacunas de implementação?

6. Quais são os pareceres que apresenta para -

i. Decisores políticos

ii. Investigadores

iii.Académicos

iv.Meios de comunicação social

v. Pessoal da DLS

vi.Associações de consumidores do Bangladesh

vii.   Organismos responsáveis pela aplicação da lei

viii. Empresários do sector pecuário

7. Outros:

Assinatura

Apêndice 9 Programa de entrevista sobre a entrevista com informadores-chave (KII)

Investigadores/académicos/pessoal relevante do governo e de organizações não governamentais/líderes locais/sociedade civil/pessoal do CAB/pessoal dos meios de comunicação social/advogados/banqueiros/associações profissionais

<u>Lista de controlo</u>

1. O seu nome, por favor: Profissão:

2. O Governo do Bangladesh tomou a iniciativa de aplicar diferentes leis e políticas relacionadas com o desenvolvimento do subsector da pecuária e das aves de capoeira. Qual é a sua opinião sobre estas iniciativas?

3. Quais são as lacunas de implementação que considera existirem no contexto do Bangladesh?

4. Como é que estas lacunas podem ser minimizadas?

5. Quais são os papéis que pode desempenhar ou desempenhar para minimizar as lacunas de implementação?

6. Quais são os pareceres que apresenta para -

ix. Decisores políticos

x. Investigadores

xi. Académicos

xii. Meios de comunicação social

xiii. Pessoal da DLS

xiv. Associações de consumidores do Bangladesh

XV. Órgãos responsáveis pela aplicação da lei

7. Outros, se for caso disso

Fotografia 1 DGF na BAU

Fotografia 2 DGF na BAU

Fotografia 3 DGF na DLS

Fotografia 4 DGF no BLRI

Fotografia 5 DGF no BLRI

Fotografia 6 Matadouro em Sylhet Sadar

Fotografia 7 Matadouro em Dumki, Patuakhali

Fotografia 8 Matadouro em Barishal

Fotografia 9 Matadouro em Patia, Chittagong

Fotografia 10 Vendedor de carne em Shahyadpur, Sirajgonj

Fotografia 11 Comerciante de alimentos para animais em Rangamati

Fotografia 12 Comerciante de alimentos para animais em Bogora

Fotografia 13 Comerciante de medicamentos em Rangamati

Fotografia 14 DLO em Rangamati

Fotografia 15 Exploração avícola em Bogora

Lei do Abate -2011

পশু জবাই ও মাংসের মান নিয়ন্ত্রন আইন, ২০১১

(২০১১ সনের ১৬ নং আইন)

[সেপ্টেম্বর ২০, ২০১১]

পশু জবাই নিয়ন্ত্রণ ও জনসাধারণের জন্য মানসম্মত মাংস প্রাপ্তি নিশ্চিত করিবার লক্ষ্যে এবং তদসংশ্লিষ্ট আনুষঙ্গিক বিষয়্যাদি সর্ম্পকে বিধান প্রণয়নকল্পে প্রনীত আইন

যেহেতু পশু জবাই ও জনসাধারণের জন্য মানসম্মত মাংস প্রাপ্তি নিশ্চিতকরণ ও আনুষঙ্গিক বিষয়্যাদি সম্পর্কে বিধান করা সমীচীন ও প্রয়োজনীয়;

সেহেতু এতদ্দ্বারা নিম্নরূপ আইন করা হইল:-

সংক্ষিপ্ত শিরোনাম ও প্রবর্তন	১।(১) এই আইন পশু জবাই ও মাংসের মান নিয়ন্ত্রন আইন, ২০১১ নামে অভিহিত হইবে।

(২) সরকার, সরকারি গেজেটে প্রজ্ঞাপন দ্বারা, যে তারিখ নির্ধারণ করিবে সেই তারিখে ইহা কার্যকর হইবে।

সংজ্ঞা	২।বিষয় বা প্রসঙ্গের পরিপন্থী কোন কিছু না থাকিলে, এই আইনে-

(১) ''অফাল''(Offal)অর্থ জবাইকৃত পশুর কারকাস ব্যতীত ভক্ষণযোগ্য ও ভক্ষণঅযোগ্য অংশ,যথাঃ- যকৃত, ফুসফুস, বৃক্ক, মস্তিস্ক, চর্বি, হাড়, নাড়িভূঁড়ি ইত্যাদি;

(২) ''উপযুক্ত চিকিৎসক'' অর্থ স্বাস্থ্য ও পরিবার কল্যাণ মন্ত্রণালয়ের অধীনস্থ স্ব স্ব অধিক্ষেত্রে উপজেলা স্বাস্থ্য ও পরিবার কল্যাণ কর্মকর্তা বা, প্রযোজ্য ক্ষেত্রে, মেডিকেল অফিসার এবং স্থানীয় সরকার বিভাগের অধীন মেডিকেল অফিসার যিনি Medical and Dental Council Act,1980এরsection 2(b)তে সংজ্ঞায়িত কাউন্সিল কর্তৃক রেজিস্ট্রিকৃত চিকিৎসক;

(৩) ''কর্তৃপক্ষ'' অর্থ প্রাণিসম্পদ অধিদপ্তর;

(৪) ''কারকাস'' অর্থ জবাইখানা বা অন্য কোন নির্ধারিত স্থানে জবাইকৃত পশুর সম্পূর্ণ রক্ত নি:সৃত(Bleeding)এবং জবাই পরবর্তী প্রস্তুতকৃত(Dressing)দেহ বা দেহের অংশ

বিশেষ;

(৫) ''কালিং''(Culling)অর্থ প্রজনন, উৎপাদন, চাষাবাদ বা পরিবহন কাজের জন্য উপযুক্ত নহে কিন্তু জবাইয়ের উপযুক্ত এমন পশু বাছাই;

(৬) ''জবাই'' অর্থ মানুষের ভক্ষণের উদ্দেশ্যে জবাই উপযুক্ত পশুকে ধর্মীয়ভাবে গ্রহণযোগ্য পদ্ধতিতে পরিষ্কার ধারালো ছুরি বা চাকু দ্বারা কাটিয়া রক্ত বাহির বা নিঃসরন করিবার পদ্ধতি;

(৭) ''জবাই উপযুক্ত পশু'' অর্থ ভেটেরিনারি কর্মকর্তা বা, ক্ষেত্রমত, ভেটেরিনারিয়ান কর্তৃক ঘোষিত জবাইয়ের উপযুক্ত যে কোন সুস্থ পশু;

(৮) ''জবাইখানা'' অর্থ মানুষের খাদ্য হিসাবে ব্যবহারের জন্য জবাইপূর্ব পশু পরীক্ষা, পশু জবাই এবং জবাই পরবর্তী কারকাস পরীক্ষার জন্য সরকার কর্তৃক অনুমোদিত কোন ভবন বা স্থান;

(৯) ''নির্ধারিত'' অর্থ বিধি দ্বারা নির্ধারিত;

(১০) ''নিষিদ্ধ দিবস'' অর্থ সরকারি গেজেটে প্রজ্ঞাপন দ্বারা ঘোষিত পশু জবাই ও মাংস বিক্রয় নিষিদ্ধ দিবস;

(১১) ''পরিবেশন স্থাপনা'' অর্থ যে কোন হোটেল, রেস্তোরাঁ, খাওয়ার ঘর, ক্যান্টিন বা অনুরূপ অন্য কোন স্থান, বাণিজ্যিক উদ্দেশ্যে যাহা জনগণের জন্য বা সুনির্দিষ্ট শ্রেণীর জনগণের জন্য উন্মুক্ত এবং যেখানে পরিবেশন বা ভক্ষণ করা হয়;

(১২) ''পশু'' অর্থ নিম্নবর্ণিত সকল ধরণের প্রাণী, যথাঃ-

(অ) গরু, মহিষ, ছাগল, ভেড়া, দুম্বা, উট, খরগোশ,

(আ) শুকর;

(ই) পাখি জাতীয় প্রাণী যথা, হাঁস, মুরগি, কোয়েল, কবুতর, টার্কি ইত্যাদি; এবং

(ঈ) সরকার কর্তৃক বিভিন্ন সময়ে সরকারি গেজেটে প্রজ্ঞাপন দ্বারা ঘোষিত নির্দিষ্ট জনগোষ্ঠীর নিকট হ্যালাল বা গ্রহণযোগ্য অন্য যে কোন প্রাণী;

(১৩) ''বর্জ্য'' অর্থ জবাই প্রক্রিয়ার সময় বা অন্য কোনভাবে জবাইখানায় সৃষ্ট বা আনীত দ্রব্যাদি বা সরকার কর্তৃক ঘোষিত যে কোন দ্রব্যাদি, যাহা বিধি দ্বারা নির্ধারিত পদ্ধতিতে অপসারণ প্রয়োজন;

(১৪) ''বিধি'' অর্থ এই আইনের অধীন প্রণীত বিধি;

(১৫) ''ভক্ষণ অযোগ্য'' অর্থ জবাইকৃত পশু বা মাংস পরিদর্শনের পর বা অন্য কোন উপায়ে নির্ধারিত, মানুষের ভক্ষণের অনুপযুক্ত বা ধ্বংস করা প্রয়োজন, এইরূপ কারকাস, মাংস বা অফাল;

(১৬) ''ভেটেরিনারি কর্মকর্তা'' অর্থ প্রাণিসম্পদ অধিদপ্তরের অধীন কর্মরত কোন কর্মকর্তা, যিনি Bangladesh Veterinary Practitioner's Ordinance, 1982 (Ordinance NO, XXX of 1982)এর section 2(g)তে সংজ্ঞায়িত Registered Veterinary Practitioner;(১৭) ''ভেটেরিনারিয়ান'' অর্থ, সিটি কর্পোরেশন বা, ক্ষেত্রমত, পৌরসভায় কর্মরত জবাইযোগ্য পশু বা মাংস পরিদর্শনের দায়িত্বপ্রাপ্ত কোন কর্মকর্তা, যিনি Bangladesh Veterinary Practitioner's Ordinance, 1982 (Ordinance NO. XXX of 1982)এর section 2 (g)সংজ্ঞায়িতRegistered Veterinary Practitioner; (১৮) ''মহাপরিচালক'' অর্থ প্রাণিসম্পদ অধিদপ্তরের মহাপরিচালক;

(১৯) ''মাংস'' অর্থ কোন জবাইখানায় জবাইয়ের উপযুক্ত যে কোন সুস্থ জবাইকৃত পশুর মাংস বা অন্যান্য ভক্ষণযোগ্য অফাল এবং বাংলাদেশ পশু ও পশুজাত পণ্য সঙ্গ নিরোধ আইন, ২০০৫ (২০০৫ সনের ৬ নম্বর আইন) এর অধীন আমদানিকৃত মাংস;

(২০) ''মাংস প্রক্রিয়াকরণ কারখানা'' অর্থ কারকাস হইতে মাংস বা মাংসজাত পণ্য তৈরীর কারখানা;

(২১) ''মাংস বিক্রয় স্থাপনা'' অর্থ মাংস বিক্রয় করিবার প্রতিষ্ঠান বা বিক্রয়ের উদ্দেশ্যে প্রদর্শিত হয়, এইরূপ কর্তৃপক্ষ কর্তৃক অনুমোদিত স্থান;

(২২) ''সাময়িকভাবে পশু রাখিবার স্থান(Stockyard)''অর্থ সরকার কর্তৃক ঘোষিত চতুর্দিকে দেয়াল বা বেড়া দ্বারা ঘেরাওকৃত, যেখানে জবাই এর জন্য পশু সাময়িক জড়ো করা হয় বা যেখানে ভেটেরিনারি কর্মকর্তা বা, ক্ষেত্রমত, ভেটেরিনারিয়ান পশুর জবাই উপযুক্ততা পরীক্ষা করেন।

<table>
<tr><td>জবাইখানার বাহিরে পশু জবাই নিষিদ্ধকরণ</td><td>৩।(১) নিম্নবর্ণিত ক্ষেত্র ব্যতীত, বাণিজ্যিক উদ্দেশ্যে বিক্রির জন্য কোন ব্যক্তি, প্রতিষ্ঠান বা সংস্থা জবাইখানার বাহিরে কোন পশু জবাই করিতে পারিবে না, যথাঃ-</td></tr>
</table>

(ক) ঈদুল আজহা, ঈদুল ফিতর বা অন্য কোন ধর্মীয়, সামাজিক অনুষ্ঠান এবং সরকার কর্তৃক সরকারি গেজেটে প্রজ্ঞাপন দ্বারা ঘোষিত অন্য কোন উৎসব বা অনুষ্ঠান;

(খ) পারিবারিক চাহিদার ভিত্তিতে পারিবারিক ভোজনের উদ্দেশ্যে।

(২) উপ-ধারা (১) এ যাহা কিছুই থাকুক না কেন, উক্ত উপ-ধারার দফা (ক) বা (খ) এ বর্ণিত ক্ষেত্রে জবাইখানার বাহিরে এইরূপ স্থানে ও উপায়ে পশু জবাই করিতে হইবে যাহাতে-

(ক) পানি বা পানির উৎস,বায়ু বা পরিবেশের অন্য কোন উপাদান দূষিত হওয়ার সম্ভাবনা থাকে না; এবং

(খ) বিধি দ্বারা নির্ধারিত পদ্ধতি অনুযায়ী পশু জবাই ও বর্জ্য অপসারণ করা যায়।

<table>
<tr><td>জবাই নিষিদ্ধ পশু</td><td>৪।(১) সরকার যে কোন পশু জবাই নিষিদ্ধ করিবার লক্ষ্যে বিধি প্রণয়ন করিতে পারিবে।</td></tr>
</table>

(২) কোন ব্যক্তি, প্রতিষ্ঠান বা সংস্থা বিধিতে উল্লিখিত জবাই নিষিদ্ধ পশু জবাই করিতে বা

জবাই করিবার অনুমতি প্রদান করিতে পারিবেনা।

<table>
<tr><td>জবাই পূর্ব ও
জবাই পরবর্তী পশু
ও কারকাস
ইত্যাদি, পরীক্ষা</td><td>৫।(১) এই আইনের অধীন প্রণীত বিধি দ্বাবা নির্ধারিত পদ্ধতিতে পশু জবাই করিতে হইবে।</td></tr>
</table>

(২) এই আইনের ধারা ১৫ তে বর্ণিত পশু জবাই নিষিদ্ধ দিবস ব্যতীত অন্যান্য দিনে জবাই খানায় জবাইয়ের উদ্দেশ্যে আনীত পশু এবং জবাই পরবর্তী পশু ও কারকাস সংশ্লিষ্ট ভেটেরিনারি কর্মকর্তা বা, ক্ষেত্রমত, ভেটেরিনারিয়ান কর্তৃক এই আইনের অধীন প্রণীত বিধি অনুসরণপূর্বক যথাযথভাবে পরীক্ষা করিতে হইবে।

<table>
<tr><td>জবাই খানার
পরিবেশ</td><td>৬। এই আইনের অধীন প্রণীত বিধি অনুযায়ী জবাইখানার পরিবেশ ও মান নির্ধারণ করিতে হইবে।</td></tr>
</table>

<table>
<tr><td>জবাইখানা, মাংস
বিক্রয় স্থাপনা এবং
মাংস প্রক্রিয়াকরণ
কারখানা স্থাপন</td><td>৭। এই আইনের অধীন প্রণীত বিধি অনুসারে জবাইখানা, মাংস বিক্রয় স্থাপনা বা মাংস প্রক্রিয়াকরণ কারখানা স্থাপন করিতে হইবে।</td></tr>
</table>

<table>
<tr><td>জবাইখানা, মাংস
বিক্রয় স্থাপনা এবং
মাংস প্রক্রিয়াকরণ
কারখানা স্থাপন,
ইত্যাদির জন্য
লাইসেন্স</td><td>৮।(১) কোন ব্যক্তি, প্রতিষ্ঠান বা বিধিবদ্ধ সংস্থা ধারা ৯ এর অধীন লাইসেন্স গ্রহণ ব্যতীত বাণিজ্যিক উদ্দেশ্যে জবাইখানা বা মাংস বিক্রয় স্থাপনা এবং মাংস প্রক্রিয়াকরণ কারখানা স্থাপন করিতে বা পরিচালনা করিতে পারিবেন নাঃ</td></tr>
</table>

তবে, শর্ত থাকে যে, এই আইন বাংলাদেশ সশস্ত্র বাহিনী কর্তৃক পরিচালিত কোন জবাইখানা বা সশস্ত্র বাহিনীর সদস্যগণের জন্য সশস্ত্র বাহিনী কর্তৃক পরিচালিত মাংস বিক্রয় বা মাংস প্রক্রিয়াকরণ কারখানা স্থাপনার ক্ষেত্রে প্রযোজ্য হইবে না।

(২) এই আইন কার্যকর হইবার অব্যবহিত পূর্বে কোন ব্যক্তি, প্রতিষ্ঠান বা সংস্থা জবাইখানা, মাংস বিক্রয় স্থাপনা এবং মাংস প্রক্রিয়াকরণ কারখানা স্থাপন বা আনুষঙ্গিক কার্যাবলী সম্পাদন করিয়া থাকিলে এই আইন কার্যকর হইবার অনধিক ৬(ছয়) মাসের মধ্যে ধারা ৯ এর উপ-ধারা (১) এ নির্ধারিত পদ্ধতিতে লাইসেন্সের জন্য আবেদন করিতে

হইবে।

লাইসেন্স প্রদান পদ্ধতি, ইত্যাদি

৯। (১) এই আইনের অধীন জবাইখানা, মাংস বিক্রয় স্থাপনা এবং মাংস প্রক্রিয়াকরণ কারখানা স্থাপন করিবার জন্য কোন ব্যক্তি, প্রতিষ্ঠান বা সংস্থা মহাপরিচালক বা তদকর্তৃক ক্ষমতা প্রদত্ত ভেটেরিনারী কর্মকর্তার নিকট বিধি দ্বারা নির্ধারিত পদ্ধতিতে ও ফরমে আবেদন করিতে পারিবেনঃ

তবে শর্ত থাকে যে, এতদুদ্দেশ্যে বিধি প্রণীত না হওয়া পর্যন্ত কোন ব্যক্তি, প্রতিষ্ঠান বা সংস্থা লাইসেন্সের জন্য মহাপরিচালকের নিকট লিখিতভাবে আবেদন করিতে পারিবে।

লাইসেন্সের মেয়াদ ও নবায়ন

১০।(১) এই আইনের অধীন ইস্যুকৃত লাইসেন্সের মেয়াদ হইবে লাইসেন্স ইস্যুর তারিখ হইতে ১(এক) বৎসর।

(২) উপ-ধারা (১) এ বর্ণিত লাইসেন্সের মেয়াদ নবায়নের জন্য উহার মেয়াদ শেষ হইবার অন্যূন ৬০(ষাট) দিন পূর্বে মহাপরিচালক কর্তৃক ধার্যকৃত নির্ধারিত ফিসসহ নির্ধারিত পদ্ধতিতে মহাপরিচালকের নিকট আবেদন করিতে হইবে।

(৩) উপ-ধারা (২) এর অধীন আবেদন প্রাপ্তির পর মহাপরিচালক বা তাহার নিকট হইতে এতদুদ্দেশ্যে ক্ষমতাপ্রাপ্ত ভেটেরিনারি কর্মকর্তা বিধি দ্বারা নির্ধারিত পদ্ধতিতে লাইসেন্স নবায়ন করিবেন।

লাইসেন্স স্থগিত ও বাতিলকরণ, ইত্যাদি

১১। এই আইন বা উহার অধীন প্রণীত বিধিতে যাহা কিছুই থাকুক না কেন, মহাপরিচালক বা তাহার নিকট হইতে ক্ষমতাপ্রাপ্ত কোন ভেটেরিনারি কর্মকর্তা নিম্নবর্ণিত যে কোন কারণে বিধি দ্বারা নির্ধারিত পদ্ধতিতে লাইসেন্স স্থগিত বা রহিত করিতে পারিবেন, যদি লাইসেন্সধারী-

(ক) এই আইন বা বিধির কোন বিধান বা লাইসেন্সে উল্লিখিত কোন শর্ত ভঙ্গ করিয়া থাকেন;

(খ) এই আইনের অধীন কোন অপরাধের জন্য দন্ডিত হইয়া থাকেন; এবং

(গ) দফা (ক) ও (খ) এ উল্লিখিত অযোগ্যতা গোপন করিয়া লাইসেন্স পাইয়া থাকেন।

প্রবেশ, পরিদর্শন, ইত্যাদির ক্ষমতা

(১) মহাপরিচালক বা তাহার নিকট হইতে ক্ষমতাপ্রাপ্ত কোন ভেটেরিনারি কর্মকর্তা বা, ক্ষেত্রমত, ভেটেরিনারিয়ান তাহাদের স্ব স্ব অধিক্ষেত্রে সময় সময়, তদবিবেচনায় প্রয়োজনীয় সহায়তা সহকারে জবাইখানা, মাংস বিক্রয় স্থাপনা ও পরিবেশন স্থাপনা, মাংস প্রক্রিয়াকরণ কারখানা, অন্য কোন স্থান বা যানবাহনে প্রবেশ করিতে পারিবেন।

(২) উপ-ধারা (১) এর অধীন পরিদর্শনকালে মহাপরিচালক বা তাহার নিকট হইতে ক্ষমতাপ্রাপ্ত কোন ভেটেরিনারি কর্মকর্তা, বা, ক্ষেত্রমত, ভেটেরিনারিয়ান এই আইন অথবা বিধির সহিত অসামঞ্জস্যতা রহিয়াছে, এইরূপ কার্যক্রম ও অবস্থা পরিলক্ষিত হইলে এই আইন বা বিধি অনুযায়ী প্রয়োজনীয় ব্যবস্থা গ্রহণ করিতে পারিবেন।

জবাইখানা ও মাংস প্রক্রিয়াকরণ কারখানার কর্মী ও মাংস বিক্রেতার স্বাস্থ্য

১৩। পশু জবাই, মাংস প্রক্রিয়াকরণ ও বিপণনের সহিত সংশ্লিষ্ট সকল কর্মী সংক্রামক অথবা ছোঁয়াচে রোগমুক্ত কিনা, তাহা উপযুক্ত চিকিৎসক কর্তৃক প্রত্যায়িত হইতে হইবে এবং উপযুক্ত চিকিৎসক কর্তৃক প্রদত্ত সনদপত্র জবাইখানা, মাংস বিক্রয় স্থাপনা, মাংস প্রক্রিয়াকরণ কারখানার মালিক, ব্যবস্থাপক বা অন্য কোন দায়িত্বপ্রাপ্ত ব্যক্তি সংরক্ষণ করিবেন এবং প্রয়োজনে ভেটেরিনারি কর্মকর্তা বা ভেটেরিনারিয়ানকে প্রদর্শন করিতে বাধ্য থাকিবেন।

পশু, মাংস ও মাংসজাত পণ্য পরিবহণ

১৪।(১) এই আইনের অধীন প্রণীত বিধি অনুযায়ী পশু, মাংস ও মাংসজাত পণ্য পরিবহন ও বিপণন করিতে হইবে।

(২) মহাপরিচালক অথবা তদকর্তৃক ক্ষমতা প্রদত্ত ভেটেরিনারি কর্মকর্তা বা, ক্ষেত্রমত, ভেটেরিনারিয়ানের নিকট যদি প্রতীয়মান হয় যে, পশু, মাংস বা মাংসজাত পণ্য পরিবহনের সময় বিধি লঙ্ঘন করা হইয়াছে, তবে তিনি বিধি অনুযায়ী উক্ত পশু, মাংস ও মাংসজাত পণ্য বাজেয়াপ্ত, অপসারণ বা ধ্বংস করিতে অথবা অন্য কোন পদ্ধতিতে উহা নিষ্পত্তি বা বিলি বন্দোবস্তের ব্যবস্থা গ্রহণ করিবেন।

পশু জবাই ও মাংস বিক্রয় নিষিদ্ধ দিবস

১৫। সরকার, বাণিজ্যিক উদ্দেশ্যে পশু জবাই নিয়ন্ত্রণ করিবার লক্ষ্যে, সপ্তাহের যে কোন দিবসে পশু জবাই নিষিদ্ধ ঘোষণা করিতে পারিবে এবং এইরূপ নিষিদ্ধ দিবসে পশু জবাই বা মাংস বিক্রয় বন্ধের জন্য সরকারী গেজেটে প্রজ্ঞাপন দ্বারা আদেশ জারী করিতে পারিবেঃ

তবে শর্ত থাকে যে, মাংস অথবা মাংসজাত পণ্য রপ্তানীর ক্ষেত্রে এই ধারা প্রযোজ্য হইবে না।

জরুরী জবাই   ১৬। ভেটেরিনারি কর্মকর্তা বা ভেটেরিনারিয়ান যদি এই মর্মে সন্তুষ্ট হন যে, কোন পশু জরুরী ভিত্তিতে জবাইয়ের প্রয়োজন, তাহা হইলে তিনি উক্ত পশু পরীক্ষাপূর্বক সন্তুষ্ট হইয়া বিধি দ্বারা নির্ধারিত পদ্ধতিতে জরুরী জবাইয়ের নির্দেশ দিতে পারিবেন।

ভক্ষণ অযোগ্য   ১৭। জবাইকৃত পশু পরীক্ষার পর যদি ভেটেরিনারি কর্মকর্তা বা ভেটেরিনারিয়ান এর নিকট
ঘোষণা   প্রতীয়মান হয় যে, সম্পূর্ণ কারকাস বা কারকাসের অংশ বা মাংস মানুষের ভক্ষণের জন্য অনুপযুক্ত, তাহা হইলে তিনি উক্ত সম্পূর্ণ কারকাস বা কারকাসের অংশ অথবা মাংস ভক্ষণ অযোগ্য ঘোষণা করিবেনঃ

তবে শর্ত থাকে যে, তিনি ভক্ষণ অযোগ্য ঘোষিত কারকাস অথবা আংশিক কারকাস অথবা মাংসকে বিধি অনুসরণপূর্বক এমনভাবে চিহ্নিত করিবেন, যাহাতে মানব খাদ্য চেইনে(Food chain)উহা কোনভাবেই প্রবেশ করিতে না পারে।

ভক্ষণ অযোগ্য   ১৮। ভেটেরিনারি কর্মকর্তা বা ভেটেরিনারিয়ান কর্তৃক ভক্ষণ অযোগ্য ঘোষিত কারকাস বা
ঘোষিত কারকাস   আংশিক কারকাস বা মাংস বা অফাল বিধি দ্বারা নির্ধারিত পদ্ধতিতে অপসারণ বা ধ্বংসের
বা আংশিক   নির্দেশ দিতে পারিবেনঃ
কারকাস বা মাংস
বা অফাল
অপসারণ বা   তবে শর্ত থাকে যে, ভক্ষণ অযোগ্য ঘোষিত কারকাস অথবা আংশিক কারকাস বা মাংস
ধ্বংসের নির্দেশ   মানুষের ভক্ষণের জন্য ব্যতীত অন্য কোন কাজে ব্যবহারের উপযুক্ত বলিয়া ভেটেরিনারি কর্মকর্তা বা ভেটেরিনারিয়ানের নিকট প্রতীয়মান হইলে, তিনি উক্ত কারকাস, আংশিক কারকাস বা মাংস যে সকল কাজে ব্যবহার বা স্থানান্তর করিবার উপযুক্ত, তদমর্মে নির্দেশ প্রদানপূর্বক উক্ত কাজে ব্যবহার বা হস্তান্তরের জন্য জবাই খানা হইতে উহা লইয়া যাওয়ার অনুমতি প্রদান করিতে পারিবেনঃ

আরও শর্ত থাকে যে, উক্ত কারকাস, আংশিক কারকাস অথবা মাংস যেই কাজের জন্য ব্যবহারের নির্দেশ দেওয়া হইয়াছে, তাহা ব্যতিরেকে অন্য কোন কাজে ব্যবহার করিলে অথবা ব্যবহার করিবার উদ্দেশ্যে বিক্রয় করিলে উহা এই আইনের লঙ্ঘন বলিয়া গণ্য হইবে।

<table>
<tr><td>ল্যাবরেটরিতে নমুনা প্রেরণের নির্দেশ প্রদান</td><td>১৯। ভেটেরিনারি কর্মকর্তা বা ভেটেরিনারিয়ান কারকাস, আংশিক কারকাস, মাংস, ভক্ষণযোগ্য অফাল বা ভক্ষণ অযোগ্য অফাল বা অন্য কোন অংশ, ব্যবহৃত পানি, বরফ অথবা তাহার বিবেচনায় উপযুক্ত নমুনা সংগ্রহ করিতে অথবা করাইতে পারিবেন এবং উক্ত নমুনা সরকার কর্তৃক স্বীকৃত কোন ভেটেরিনারি পাবলিক হেলথ ও মাইক্রোবায়োলজি ল্যাবরেটরি বা অনুরূপ কাজের জন্য সরকার কর্তৃক স্বীকৃত অন্য কোন ল্যাবরেটরিতে পরীক্ষা করিতে বা করাইবার নির্দেশ প্রদান করিতে পারিবেন।</td></tr>
<tr><td>জবাইখানার বর্জ্য ব্যবস্থাপনা</td><td>২০। (১) এই আইনের অধীন প্রণীত বিধি অনুযায়ী জবাইখানার বর্জ্য ব্যবস্থাপনা করিতে হইবে।</td></tr>
<tr><td>মান নির্ধারণ</td><td>২১। এই আইনের অধীন প্রণীত বিধি মোতাবেক মহাপরিচালক নিম্নবর্ণিত বিষয়সমূহের মান নির্ধারণ করিয়া বিজ্ঞপ্তি জারী করিতে পারিবেন, যথাঃ-

(ক) জবাইখানা, মাংস বিক্রয় স্থাপনা ও মাংস প্রক্রিয়াজাত কারখানার আকার, সুবিধাদি ও পরিবেশ সংক্রান্ত;

(খ) জবাইখানা, মাংস বিক্রয় স্থাপনা ও মাংস প্রক্রিয়াজাত কারখানায় ব্যবহৃত পানি, বরফ, শীতলীকরণ পদ্ধতি ইত্যাদি;

(গ) কারকাস, কারকাসের অংশ, মাংস প্রভৃতিতে জীবাণু, ভারী-ধাতব বস্তু, বিষাক্তবস্তু, হরমোন, প্রিজারভেটিভ, এন্টিবায়োটিক ইত্যাদির গ্রহণযোগ্য মাত্রা;

(ঘ) গবাদিপশু যেমন গরু, মহিষ, ছাগল, ভেড়া, উট, দুম্বা ইত্যাদির চামড়া ছাড়ানো এবং সংরক্ষণের উপযুক্ত পদ্ধতি; এবং

(ঙ) দফা (ক) ও (খ) তে উল্লিখিত কার্যাদি সুষ্ঠুভাবে সম্পাদনের জন্য মহাপরিচালকের বিবেচনায় অন্যান্য প্রয়োজনীয় কার্যক্রম।</td></tr>
<tr><td>পশু বা মাংস বা মাংসজাত দ্রব্যাদি আটক ও অপসারণ</td><td>২২। যদি কোন ভেটেরিনারি কর্মকর্তা বা ভেটেরিনারিয়ান তাহার আওতাধীন এলাকা পরিদর্শনকালে এই মর্মে সন্তুষ্ট হন যে, এই আইন বা বিধি ভঙ্গ করিয়া পশু জবাই, জবাইকৃত পশু অথবা পশুর মাংস পরিবহন অথবা মাংস বা মাংসজাত পণ্য বিক্রয় করা বা</td></tr>
</table>

করিবার ক্ষমতা	পরিবেশন করা হইয়াছে, তাহা হইলে তিনি উক্ত পশু অথবা মাংস বা মাংসজাত পণ্য অথবা যানবাহন আটক করিতে পারিবেন অথবা আটক করিবার নির্দেশ দিতে বা বিধি অনুযায়ী অপসারণ করিতে বা করাইবার নির্দেশ প্রদান করিতে পারিবেন।
অপরাধ ও বিচার	২৩। (১) যদি কোন ব্যক্তি, প্রতিষ্ঠান বা সংস্থা এই আইন বা তদধীন প্রণীত বিধির কোন বিধান লঙ্ঘন করেন, তাহা হইলে উক্ত লঙ্ঘন এই আইনের অধীন একটি অপরাধ হইবে।
	(২) এই আইনের অধীন সংঘটিত অপরাধসমূহ মোবাইল কোর্ট আইন, ২০০৯ (২০০৯ সনের ৫৯ নং আইন) অনুসারে বিচার্য হইবে।
দন্ড	২৪। (১) যদি কোন ব্যক্তি এই আইন অথবা তদধীন প্রণীত বিধির কোন বিধান লঙ্ঘন করেন বা তদনুযায়ী দায়িত্ব সম্পাদনে অথবা আদেশ অথবা নির্দেশ পালনে ব্যর্থ হন, তাহা হইলে তিনি অনুরূপ লঙ্ঘন অথবা ব্যর্থতার দায়ে অনূর্ধ্ব ১(এক) বৎসর কারাদন্ড অথবা অন্যূন ৫ (পাঁচ) হাজার এবং অনূর্ধ্ব ২৫,০০০ (পঁচিশ হাজার) টাকা পর্যন্ত অর্থদন্ড, অথবা উভয় দন্ডে দন্ডনীয় হইবেন।
	(২) একই ব্যক্তি যদি পুনরায় এই আইন বা বিধির কোন বিধান লঙ্ঘন করেন বা তদনুযায়ী দায়িত্ব সম্পাদনে বা আদেশ বা নির্দেশ পালনে ব্যর্থ হন, তাহা হইলে তিনি অনুরূপ লঙ্ঘন বা ব্যর্থতার দায়ে অনূর্ধ্ব ২(দুই) বৎসরের কারাদন্ড বা অন্যূন ১০ (দশ) হাজার ও অনূর্ধ্ব ৫০,০০০ (পঞ্চাশ হাজার) টাকা পর্যন্ত অর্থদন্ড, অথবা উভয় দন্ডে দন্ডনীয় হইবেন।
আপীল	২৫। Code of Criminal Procedure,1898 (Act V of 1898)এ যাহা কিছুই থাকুকনা কেন, এই আইনের অধীন এক্সিকিউটিভ বা নির্বাহী ম্যাজিস্ট্রেট কর্তৃক প্রদত্ত কোন রায় বা আদেশের বিরুদ্ধে মোবাইল কোর্ট আইন, ২০০৯ (২০০৯ সনের ৫৯ নং আইন) অনুসারে আপীল করা যাইবে।
ক্ষমতা অর্পণ	২৬। মহাপরিচালক এই আইনের অধীন তাহার কোন ক্ষমতা অথবা দায়িত্ব প্রয়োজনবোধে, সাধারণ অথবা বিশেষ আদেশ দ্বারা তাহার অধস্তন যে কোন ভেটেরিনারি কর্মকর্তাকে অর্পণ করিতে পারিবেন, তবে সিটি করপোরেশন এলাকায় উহার নিজস্ব ভেটেরিনারিয়ান দ্বারা পশু জবাই ও মাংসের মান নিয়ন্ত্রণ ও পরিদর্শন করিবেন।

বিধি প্রণয়নের ক্ষমতা	২৭। এই আইনের উদ্দেশ্য পূরণকল্পে সরকার, সরকারি গেজেটে প্রজ্ঞাপন দ্বারা, বিধি প্রণয়ন করিতে পারিবে।
রহিতকরণ ও হেফাজত	২৮। (১) এই আইন প্রবর্তনের সঙ্গে সঙ্গে the Animal Slaughter (Restriction) and Meat Control Act, 1957 (E.P. Act VIII of 1957) রহিত হইবে।

(২) উক্তরূপ রহিতকরণ সত্ত্বেও, এই আইন প্রবর্তনের অব্যবহিত পূর্বে রহিতকৃত আইনের অধীন কোন কার্য অথবা কার্যধারা নিষ্পন্নাধীন থাকিলে, উক্ত কার্য বা কার্যধারা উক্ত রহিতকৃত আইনের বিধান অনুসারে এইরূপে নিষ্পত্তি করিতে হইবে, যেন এই আইন প্রবর্তিত হয় নাই।

LEI DA ALIMENTAÇÃO ANIMAL -2010

মৎস্যখাদ্য ও পশুখাদ্য আইন, ২০১০

(২০১০ সনের ২ নং আইন)

[জানুয়ারি ২৮, ২০১০]

সংক্ষিপ্ত শিরোনাম ও প্রবর্তন	১। (১) এই আইন মৎস্যখাদ্য ও পশুখাদ্য আইন, ২০১০ নামে অভিহিত হইবে। (২) ইহা অবিলম্বে কার্যকর হইবে।
সংজ্ঞা	২। বিষয় বা প্রসঙ্গের পরিপন্থী কোন কিছু না থাকিলে, এই আইনে-

(১) 'অধিদপ্তর' অর্থ মৎস্যখাদ্য সম্পর্কিত বিষয়ে মৎস্য অধিদপ্তর এবং পশুখাদ্য সম্পর্কিত বিষয়ে পশুসম্পদ অধিদপ্তর;

(২) 'কোম্পানী' অর্থ কোম্পানী আইন, ১৯৯৪ (১৯৯৪ সনের ১৮ নং আইন) এ সংজ্ঞায়িত কোম্পানী;

(৩) 'খামার' অর্থ মৎস্য ও গৃহপালিত পশুর হ্যাচারি, নার্সারি, প্রজনন খামার এবং মৎস্য ও গৃহপালিত পশুর বাণিজ্যিক খামার;

(৪) 'নির্ধারিত' অর্থ বিধি দ্বারা নির্ধারিত;

(৫) 'পশু' অর্থে নিম্নবর্ণিত সকল ধরনের প্রাণী অন্তর্ভুক্ত হইবে, যথা:-

(অ) মানুষ ব্যতীত সকল স্তন্যপায়ী প্রাণী;

(আ) পাখি;

(ই) সরীসৃপ জাতীয় প্রাণী ;

(ঈ) মৎস্য ব্যতীত অন্যান্য জলজ প্রাণী ; এবং

(উ) সরকার কর্তৃক, সময় সময়, সরকারি গেজেটে প্রজ্ঞাপন দ্বারা ঘোষিত অন্য কোন প্রাণী ;

(৬) 'পশুখাদ্য' অর্থ পশুর জীবনধারণ ও অপুষ্টি হইতে রক্ষার উদ্দেশ্যে কৃত্রিম বা অন্যভাবে প্রস্তুতকৃত বিভিন্ন পুষ্টিযুক্ত খাদ্যদ্রব্য বা উহার মিশ্রণ;

(৭) 'পরিচালক' অর্থ বাণিজ্যিক প্রতিষ্ঠানের ক্ষেত্রে উহার কোন অংশীদার বা পরিচালনা বোর্ডের সদস্য;

(৮) "ফৌজদারী কার্যবিধি" অর্থ Code of Criminal Procedure, 1898(Act No.V of 1898);

(৯) 'ব্যক্তি' অর্থে যে কোন ব্যক্তি এবং কোন প্রতিষ্ঠান, কোম্পানী, অংশীদারী কারবার, ফার্ম বা অন্য যে কোন সংস্থাও উহার অন্তর্ভুক্ত হইবে;

(১০) 'বিধি' অর্থ এই আইনের অধীন প্রণীত বিধি;

(১১) 'ভেজাল মৎস্যখাদ্য ও পশুখাদ্য' অর্থ কোন বিষাক্ত বা ক্ষতিকর উপাদানযুক্ত মৎস্যখাদ্য বা পশুখাদ্য যাহা মৎস্য, পশু বা অন্যান্য প্রাণী বা পরিবেশের জন্য ক্ষতিকর অথবা এমন মৎস্যখাদ্য বা পশুখাদ্য যাহা এই আইনের ধারা ১১ এবং ১৩ তে উল্লিখিত বিষয়াদির সাথে সঙ্গতিপূর্ণ নহে, অথবা মান নিয়ন্ত্রণ ল্যাবরেটরীতে ভেজাল বা বিষাক্ত বা ক্ষতিকর মৎস্যখাদ্য বা পশুখাদ্য বা অপদ্রব্য হিসাবে প্রমাণিত;

(১২) 'মৎস্য' অর্থ সকল প্রকার কোমল অস্থি ও কঠিন অস্থিবিশিষ্ট মাছ(Cartilaginous and bony fishes),স্বাদু ও লবণাক্ত পানির চিংড়ি(Prawn and Shrimp),উভচর জলজ প্রাণী, কচ্ছপ, কাছিম, কাঁকড়া জাতীয় (Crustacean),শামুক বা ঝিনুক জাতীয়(Molluscs)জলজ প্রাণী,একাইনোডার্মস জাতীয় (Sea Cucumber),ব্যাঙ(Frogs)এবং উহাদের জীবনচক্রের যে কোন ধাপ এবং সরকার কর্তৃক, সময় সময়, সরকারি গেজেটে প্রজ্ঞাপন দ্বারা ঘোষিত অন্য কোন জলজ প্রাণী;

(১৩) 'মৎস্যখাদ্য' অর্থ মাছের জীবনধারণ ও অপুষ্টি হইতে রক্ষার উদ্দেশ্যে কারখানায় বা অন্যভাবে প্রস্তুতকৃত বিভিন্ন পুষ্টিযুক্ত খাদ্যদ্রব্য বা উহার মিশ্রণ;

(১৪) 'মহাপরিচালক' অর্থ মৎস্য অধিদপ্তরের মহাপরিচালক বা, ক্ষেত্রমত, পশুসম্পদ অধিদপ্তরের মহাপরিচালক;

(১৫) 'মান নিয়ন্ত্রণ ল্যাবরেটরী' অর্থ নিম্নবর্ণিত প্রতিষ্ঠানসমূহের মান নিয়ন্ত্রণ ল্যাবরেটরী, যথা :-

(অ) মৎস্য অধিদপ্তর ;

(আ) পশুসম্পদ অধিদপ্তর ;

(ই) বাংলাদেশ স্ট্যান্ডার্ডস এন্ড টেস্টিং ইনস্টিটিউট (বি এস টি আই) ;

(ঈ) বাংলাদেশ বিজ্ঞান ও শিল্প গবেষণা পরিষদ (বি সি এস আই আর) ;

(উ) বাংলাদেশ মৎস্য গবেষণা ইনস্টিটিউট ;

(ঊ) বাংলাদেশ পশুসম্পদ গবেষণা ইনস্টিটিউট ;

(ঋ) স্বীকৃত বিভিন্ন বিশ্ববিদ্যালয়ের মৎস্য বিজ্ঞান অনুষদ ;

(এ) স্বীকৃত বিভিন্ন বিশ্ববিদ্যালয়ের পশু চিকিৎসা অনুষদ ;

(ঐ) স্বীকৃত বিভিন্ন বিশ্ববিদ্যালয়ের পশুপালন অনুষদ ;

(ও) বাংলাদেশ পরমাণু শক্তি কমিশনের ল্যাবরেটরী ; এবং

(ঔ) সরকার কর্তৃক, সময় সময়, সরকারি গেজেটে প্রজ্ঞাপন দ্বারা নির্ধারিত অন্য কোন ল্যাবরেটরী;

(১৬) 'লাইসেন্স' অর্থ মৎস্যখাদ্য ও পশুখাদ্য উৎপাদন, প্রক্রিয়াজাতকরণ, আমদানি, রপ্তানি, বিক্রয়, বিতরণ, পরিবহন এবং আনুষঙ্গিক কার্যাবলী সম্পাদন করিবার লক্ষ্যে কোন ব্যক্তি বা প্রতিষ্ঠানের অনুকূলে ধারা ৫ এর অধীন প্রদত্ত লাইসেন্স;

(১৭) 'সরকার' অর্থ মৎস্য ও পশুসম্পদ মন্ত্রণালয়।

<table>
<tr><td>মৎস্যখাদ্য ও পশুখাদ্য নিয়ন্ত্রণ কর্তৃপক্ষ</td><td>

৩। (১) মৎস্য অধিদপ্তরের মহাপরিচালক বা তাহার নিকট হইতে ক্ষমতাপ্রাপ্ত কর্মকর্তা মৎস্যখাদ্য নিয়ন্ত্রণ কর্তৃপক্ষ হইবেন।

(২) পশুসম্পদ অধিদপ্তরের মহাপরিচালক বা তাহার নিকট হইতে ক্ষমতাপ্রাপ্ত কর্মকর্তা পশুখাদ্য নিয়ন্ত্রণ কর্তৃপক্ষ হইবেন।</td></tr>
<tr><td>লাইসেন্স ব্যতীত মৎস্যখাদ্য ও পশুখাদ্য উৎপাদন, প্রক্রিয়াজাতকরণ ইত্যাদি নিষিদ্ধ সংক্রান্ত বিধি-নিষেধ</td><td>

৪। এই আইন কার্যকর হইবার পর কোন ব্যক্তি ধারা ৬ এর অধীন লাইসেন্স গ্রহণ ব্যতীত মৎস্যখাদ্য ও পশুখাদ্য উৎপাদন, প্রক্রিয়াজাতকরণ, আমদানি, রপ্তানি, বিপণন, বিক্রয়, বিতরণ এবং আনুষঙ্গিক কার্যাবলী সম্পাদন করিতে পারিবেন না।</td></tr>
<tr><td>লাইসেন্সিং কর্তৃপক্ষ</td><td>

৫। এই আইনের অধীন মৎস্যখাদ্য সংক্রান্ত বিষয়ে মৎস্য অধিদপ্তরের মহাপরিচালক বা মহাপরিচালক কর্তৃক এতদুদ্দেশ্যে ক্ষমতাপ্রাপ্ত অধিদপ্তরের প্রথম শ্রেণীর কোন কর্মকর্তা এবং পশুখাদ্য সংক্রান্ত বিষয়ে পশুসম্পদ অধিদপ্তরের মহাপরিচালক বা মহাপরিচালক কর্তৃক এতদুদ্দেশ্যে ক্ষমতাপ্রাপ্ত অধিদপ্তরের প্রথম শ্রেণীর কোন কর্মকর্তা লাইসেন্সিং কর্তৃপক্ষ হিসাবে গণ্য হইবেন।</td></tr>
</table>

লাইসেন্স প্রদান

৬। (১) এই আইনের অধীন মৎস্যখাদ্য বা পশুখাদ্য উৎপাদন, প্রক্রিয়াজাতকরণ, আমদানি, রপ্তানি, বিপণন, বিক্রয়, বিতরণ এবং আনুষঙ্গিক কার্যাবলী সম্পাদন করিতে ইচ্ছুক কোন ব্যক্তি লাইসেন্সের জন্য ধারা ৫ এ উল্লিখিত লাইসেন্সিং কর্তৃপক্ষের নিকট নির্ধারিত পদ্ধতিতে ও ফরমে আবেদন করিতে পারিবেন :

তবে শর্ত থাকে যে, এতদুদ্দেশ্যে বিধি প্রণীত না হওয়া পর্যন্ত কোন ব্যক্তি লাইসেন্সের জন্য লিখিতভাবে আবেদন করিতে পারিবেন।

(২) উপ-ধারা (১) এর অধীন লাইসেন্সের জন্য আবেদন করা হইলে লাইসেন্সিং কর্তৃপক্ষ-

(ক) যদি এই মর্মে সন্তুষ্ট হয় যে, আবেদনকারী মৎস্যখাদ্য বা পশুখাদ্য উৎপাদন, প্রক্রিয়াজাতকরণ, আমদানি, রপ্তানি, বিপণন, বিক্রয়, বিতরণ, পরিবহন এবং আনুষঙ্গিক কার্যাবলী সম্পাদন করিবার জন্য নির্ধারিত শর্তাবলী পূরণ করিয়াছেন, তাহা হইলে লাইসেন্সিং কর্তৃপক্ষ আবেদনকারীর নিকট হইতে ধারা ৮ এর অধীন নির্ধারিত ফি আদায় করিয়া ৩০ (ত্রিশ) দিনের মধ্যে আবেদনকারীকে লাইসেন্স প্রদান করিবে ; অথবা

(খ) যদি এইরূপ অভিমত পোষণ করে যে, নির্ধারিত শর্তাবলী পূরণ করিবার জন্য আবেদনকারীকে সুযোগ প্রদান করা সমীচীন, তাহা হইলে উক্ত শর্তাবলী পূরণ করিবার জন্য লাইসেন্সিং কর্তৃপক্ষ আবেদনকারীকে অনধিক ৩০ (ত্রিশ) দিন সময় প্রদান করিতে পারিবে ; এবং

(অ) উক্ত সময়ের মধ্যে আবেদনকারী উল্লিখিত সকল শর্তাবলী প্রতিপালন করিতে সক্ষম হইলে পরবর্তী ১৫ (পনের) দিনের মধ্যে আবেদন মঞ্জুর করিয়া আবেদনকারীকে লাইসেন্স প্রদান করিবে ; অথবা

(আ) উক্ত সময়ের মধ্যে প্রয়োজনীয় শর্তাবলী পূরণ করিতে আবেদনকারী ব্যর্থ হইলে আবেদন নামঞ্জুর করিয়া ১৫ (পনের) দিনের মধ্যে আবেদনকারীকে অবহিত করিবে ; অথবা

(গ) যদি এইরূপ অভিমত পোষণ করে যে, আবেদনকারী নির্ধারিত শর্তাবলীর মধ্যে অধিকাংশ শর্ত পূরণ করিতে সক্ষম হয় নাই এবং আবেদনকারীকে দফা (খ) এ উল্লিখিত সুযোগ প্রদান করা হইলে উক্ত সময়ের মধ্যে অবশিষ্ট শর্তাবলী পূরণ করিতে সক্ষম হইবার সম্ভাবনা নাই, তাহা হইলে আবেদনকারীর আবেদন সরাসরি নামঞ্জুর করিয়া ১৫ (পনের) দিনের মধ্যে আবেদনকারীকে অবহিত করিবে।

(৩) এই আইন কার্যকর হইবার অব্যবহিত পূর্বে কোন ব্যক্তি মৎস্যখাদ্য ও পশুখাদ্য উৎপাদন, প্রক্রিয়াজাতকরণ, আমদানি, রপ্তানি, বিপণন, বিক্রয়, বিতরণ, পরিবহন এবং আনুষঙ্গিক কার্যাবলী সম্পাদন করিয়া থাকিলে তিনি এই আইন কার্যকর হইবার অনধিক ৬ (ছয়) মাসের মধ্যে উপ-ধারা (১) এ নির্ধারিত পদ্ধতিতে ও ফরমে লাইসেন্সিং কর্তৃপক্ষের নিকট আবেদন করিতে পারিবেন।

(৪) উপ-ধারা (৩) এ উল্লিখিত সময়সীমার মধ্যে লাইসেন্সের জন্য আবেদন করা না হইলে লাইসেন্সিং কর্তৃপক্ষ এই আইন কার্যকর হইবার অব্যবহিত পূর্বের মৎস্যখাদ্য বা পশুখাদ্য উৎপাদন, প্রক্রিয়াজাতকরণ, আমদানি, রপ্তানি, বিপণন, বিক্রয়, বিতরণ, পরিবহন এবং আনুষঙ্গিক কার্যাবলী পরিচালনার যাবতীয় কার্যক্রম বন্ধ রাখিবার নির্দেশ প্রদান করিবে।

লাইসেন্সের মেয়াদ ও নবায়ন

৭। (১) এই আইনের অধীনে প্রদত্ত লাইসেন্সের মেয়াদ হইবে লাইসেন্স ইস্যুর তারিখ হইতে ১ (এক) বৎসর।

(২) উপ-ধারা (১) এ বর্ণিত লাইসেন্সের মেয়াদ শেষ হইবার অনূর্ধ্ব ৩০ (ত্রিশ) দিন পূর্বে নির্ধারিত ফিসহ নবায়নের জন্য লাইসেন্সিং কর্তৃপক্ষের নিকট নির্ধারিত ফরমে আবেদন করিতে হইবে।

(৩) উপ-ধারা (২) এর অধীন আবেদন প্রাপ্তির পর লাইসেন্সিং কর্তৃপক্ষ যদি এই মর্মে সন্তুষ্ট হয় যে, আবেদনকারী কর্তৃক এই আইন বা বিধি বা লাইসেন্সের শর্তাবলী যথাযথভাবে প্রতিপালন করা হইয়াছে তাহা হইলে লাইসেন্সিং কর্তৃপক্ষ আবেদন প্রাপ্তির ৩০ (ত্রিশ) দিনের মধ্যে নবায়ন ফি পরিশোধ সাপেক্ষে, লাইসেন্স নবায়ন করিবে অথবা লাইসেন্সিং কর্তৃপক্ষ যদি এই মর্মে সন্তুষ্ট হন যে, আবেদনকারী প্রযোজ্য শর্তাবলী প্রতিপালন করে নাই তবে লাইসেন্স নবায়নের আবেদনটি নামঞ্জুর করিবেন এবং লিখিতভাবে লাইসেন্স গ্রহীতাকে অবহিত করিবেন।

(৪) উপ-ধারা (৩) অনুযায়ী লাইসেন্স নবায়নের আবেদন লাইসেন্সিং কর্তৃপক্ষ কর্তৃক মঞ্জুর বা নামঞ্জুরের আদেশ না পাওয়া পর্যন্ত লাইসেন্সটি বহাল আছে বলিয়া গণ্য হইবে এবং তদনুসারে লাইসেন্স গ্রহীতা তাহার কার্যাবলী সম্পাদন করিতে পারিবেন।

লাইসেন্স ফি ও নবায়ন ফি

৮। এই আইনের অধীন প্রদেয় লাইসেন্স এর ফি ও নবায়ন ফি বিধি দ্বারা নির্ধারিত হইবে :

তবে শর্ত থাকে যে, এতদুদ্দেশ্যে বিধি প্রণীত না হওয়া পর্যন্ত সরকার, সরকারি গেজেটে প্রজ্ঞাপন দ্বারা, লাইসেন্স ফি ও নবায়ন ফি এর হার ধার্য করিতে পারিবে।

লাইসেন্স বাতিল ও স্থগিতকরণ

৯। (১) কোন লাইসেন্স গ্রহীতা এই আইন বা তদধীন প্রণীত বিধি বা লাইসেন্সের কোন শর্ত ভঙ্গ করিলে লাইসেন্সিং কর্তৃপক্ষ লাইসেন্স গ্রহীতাকে যুক্তিসঙ্গত কারণ দর্শানোর সুযোগ প্রদান করিয়া প্রদত্ত লাইসেন্স স্থগিত বা বাতিল করিতে পারিবে।

(২) উপ-ধারা (১) অনুযায়ী কোন লাইসেন্স স্থগিত বা বাতিল করা হইলে স্থগিত বা বাতিল আদেশের তারিখ হইতে ৩০ (ত্রিশ) দিনের মধ্যে লাইসেন্স গ্রহীতা সরকারের নিকট নির্ধারিত ফি প্রদান সাপেক্ষে আপীল করিতে পারিবে এবং সরকার উক্ত আপীল দায়েরের তারিখ হইতে ৬০ (ষাট) দিনের মধ্যে আপীল নিষ্পত্তি করিবে এবং এই ক্ষেত্রে সরকারের সিদ্ধান্ত চূড়ান্ত বলিয়া গণ্য হইবে :

তবে শর্ত থাকে যে, সংক্ষুব্ধ ব্যক্তি আপীল আদেশ অবহিত হইবার তারিখ হইতে ৩০ (ত্রিশ) দিনের মধ্যে উহা পুনর্বিবেচনার জন্য আবেদন করিতে পারিবে।

(৩) উপ-ধারা (২) এর অধীন আপীল আদেশ পুনর্বিবেচনার আবেদন প্রাপ্তির অনধিক ৩০ (ত্রিশ) দিনের মধ্যে উহা নিষ্পত্তি করিতে হইবে।

আদর্শমাত্রা

১০। (১) সরকার বাণিজ্যিকভিত্তিতে উৎপাদিতব্য মৎস্যখাদ্য ও পশুখাদ্যের গুণগতমান বজায় রাখিবার লক্ষ্যে বিধি দ্বারা মৎস্যখাদ্য ও পশুখাদ্যের বিভিন্ন উপাদানের আদর্শমাত্রা নির্ধারণ করিয়া দিবে এবং বাণিজ্যিকভিত্তিতে মত্স্যখাদ্য ও পশুখাদ্য প্রস্তুতকালে উক্ত আদর্শমাত্রা অনুসরণ বাধ্যতামূলক হইবে।

(২) মান নিয়ন্ত্রণ ল্যাবরেটরীতে ও পরীক্ষায় কোন মৎস্যখাদ্য বা পশুখাদ্যে উপ-ধারা (১) এ উল্লিখিত আদর্শমাত্রা না পাওয়া গেলে বা পুষ্টি বিরোধী কোন উপাদানের উপস্থিতি প্রমাণিত হইলে বা উহাতে মৎস্যখাদ্য ও পশুখাদ্যের অযোগ্য বা ক্ষতিকর কোন দ্রব্যের মিশ্রণ পাওয়া গেলে উক্ত মৎস্যখাদ্য বা পশুখাদ্য প্রস্তুতকারী প্রতিষ্ঠানের লাইসেন্স বাতিল করা যাইবে।

মৎস্যখাদ্য ও পশুখাদ্যের মান নিশ্চিতকরণ

১১। (১) আমদানিকৃত ও দেশে উৎপাদিত যে কোন মৎস্যখাদ্য ও পশুখাদ্য বাজারজাত করিবার যে কোন পর্যায়ে উহার মান যাচাইয়ের উদ্দেশ্যে ক্ষমতাপ্রাপ্ত কর্মকর্তা কোন উৎপাদক, আমদানিকারক বা বিক্রেতার নিকট হইতে নমুনা সংগ্রহ করিয়া উহা মান নিয়ন্ত্রণ ল্যাবরেটরীতে পরীক্ষা করাইতে পারিবে।

(২) উপ-ধারা (১) এর অধীন পরীক্ষায় মৎস্যখাদ্য ও পশুখাদ্য ব্যবহারের অনুপযোগী প্রমাণিত হইলে উক্ত মৎস্যখাদ্য ও পশুখাদ্য বাজেয়াপ্ত করা হইবে এবং উহার আমদানীকারক, উৎপাদনকারী ও বাজারজাতকারী এই অধ্যাদেশের অধীন অপরাধ করিয়াছে বলিয়া গণ্য হইবে।

(৩) মৎস্যখাদ্য ও পশুখাদ্যের যে সকল উপকরণ বিপণন হইয়া থাকে উহা পরীক্ষা-নিরীক্ষার পদ্ধতি বিধি দ্বারা নির্ধারিত হইবে।

ক্ষতিকর ও ভেজাল মৎস্যখাদ্য ও পশুখাদ্য উৎপাদন, আমদানি, রপ্তানি, বিক্রয়, পরিবহন ও বিপণন নিষিদ্ধ

১২। (১) কোন ব্যক্তি, প্রত্যক্ষ বা পরোক্ষভাবে অথবা উহার পক্ষে অন্য কোন ব্যক্তি, প্রতিষ্ঠান বা কোম্পানীর মাধ্যমে এমন কোন মৎস্যখাদ্য ও পশুখাদ্য উৎপাদন, প্রক্রিয়াজাতকরণ, আমদানি, রপ্তানি, বিক্রয়, পরিবহন বা বিতরণ করিতে পারিবেনঃ

(ক) যাহাতে মানুষ, পশু, মৎস্য বা পরিবেশের জন্য কোন বিষাক্ত বা ক্ষতিকর পদার্থ থাকে; এবং

(খ) যাহা আদর্শমাত্রার সঙ্গে অসংগতিপূর্ণ।

(২) মৎস্যখাদ্য ও পশুখাদ্য আমদানির ক্ষেত্রে রপ্তানিকারক দেশের উপযুক্ত কর্তৃপক্ষ কর্তৃক প্রদত্ত তেজস্ক্রিয়তা পরীক্ষণ সম্পর্কিত প্রত্যয়নপত্র এবং উক্ত খাদ্যদ্রব্য মৎস্য ও পশুর খাওয়ার উপযোগী মর্মে প্রত্যয়নপত্র শিপিং ডকুমেন্টের সহিত বাধ্যতামূলকভাবে সংযুক্ত করিতে হইবে।

(৩) কোন ব্যক্তি উপ-ধারা (১) এর বিধান লংঘন করিলে উহা এই আইনের অধীন অপরাধ হিসাবে গণ্য হইবে।

পাত্র ও লেবেলিং

১৩। (১) কোন মৎস্যখাদ্য ও পশুখাদ্য বাজারজাত করা যাইবে না, যদি-

(ক) উক্ত খাদ্য অনুমোদিত পাত্র বা প্যাকেটে সংরক্ষিত এবং বায়ুনিরোধ অবস্থায় মোড়কজাত না হয়; এবং

(খ) উক্ত পাত্র বা প্যাকেটে নিম্নবর্ণিত বিষয়গুলি উল্লেখ না থাকে, যথাঃ-

(১) প্রস্তুত কারকের নাম ও যে দেশে প্রস্তুত সেই দেশের নাম;

(২) সংশ্লিষ্ট প্রতিষ্ঠানের নাম, ঠিকানা ও নিবন্ধন নম্বর;

(৩) মৎস্যখাদ্য ও পশুখাদ্যের প্রকৃত ওজন;

(৪) বিদ্যমান বিভিন্ন খাদ্য উপকরণের ও পুষ্টি উপাদানের নাম এবং শতকরা হার;

(৫) মৎস্যখাদ্য ও পশুখাদ্য চিহ্নিত করার জন্য প্রদেয় লট নম্বর বা অন্যবিধ উপায়;

(৬) উৎপাদিত পণ্যের উৎস সনাক্তকরণ কোড;

(৭) কোন জাতীয় মৎস্য বা পশুর খাদ্য তাহার উল্লেখ;

(৮) উৎপাদনের তারিখ এবং মেয়াদ উত্তীর্ণের তারিখ।

মৎস্যখাদ্যে ও পশুখাদ্যে এন্টিবায়োটিক, গ্রোথ হরমোন, কীটনাশক, ইত্যাদি ব্যবহার নিষিদ্ধকরণ

১৪। (১) মৎস্যখাদ্য ও পশুখাদ্যে এন্টিবায়োটিক, গ্রোথ হরমোন, স্টেরয়েড ও কীটনাশকসহ অন্যান্য ক্ষতিকর রাসায়নিক দ্রব্য ব্যবহার করা যাইবে না।

(২) কোন ব্যক্তি উপ-ধারা (১) এর বিধান লংঘন করিলে উহা এই অধ্যাদেশের অধীন অপরাধ হিসাবে গণ্য হইবে।

কারখানা বা সংশ্লিষ্ট স্থানে প্রবেশের ক্ষমতা

১৫। মহাপরিচালক বা তাঁহার নিকট হইতে ক্ষমতাপ্রাপ্ত কর্মকর্তা এই আইন ও বিধি সাপেক্ষে, যুক্তিসঙ্গত সময়ে কোন মৎস্যখাদ্য ও পশুখাদ্য কারখানা ও উহার প্রাঙ্গণ, প্রক্রিয়াজাতকরণ পদ্ধতি, প্রক্রিয়াজাতকরণের উদ্দেশ্যে উক্ত কারখানায় আনীত মৎস্যখাদ্য ও পশুখাদ্যের যে কোন উপাদান ও উপাদানসমূহ মজুদ করিবার স্থান, পরিবহনকারী যে কোন যান, বিক্রয় কেন্দ্র বা এতদসংশ্লিষ্ট অন্য কোন স্থান বা যানবাহন এবং মাননিয়ন্ত্রণ সংক্রান্ত যে কোন দলিল পরিদর্শন করিতে পারিবেন।

ক্ষতিকর ও ভেজাল মৎস্যখাদ্য ও পশুখাদ্য বাজেয়াপ্তকরণ, বিনষ্টকরণ, ইত্যাদি	১৬। (১) কোন মৎস্যখাদ্য ও পশুখাদ্য ক্ষতিকর ও ভেজাল প্রমাণিত হইলে মহাপরিচালক বা ক্ষমতাপ্রাপ্ত কর্মকর্তা উক্ত মৎস্যখাদ্য ও পশুখাদ্য এবং উহাদের উৎপাদন কাজে ব্যবহৃত পণ্য ও যন্ত্রপাতির সমুদয় বা কোন অংশ বাজেয়াপ্ত করিতে পারিবেন।

(২) বাজেয়াপ্ত অস্বাস্থ্যকর বা পঁচা বা দূষিত বা ভেজাল মিশ্রিত মৎস্যখাদ্য ও পশুখাদ্য মহাপরিচালক বা ক্ষমতাপ্রাপ্ত কর্মকর্তা বিনষ্ট করিবার জন্য নির্দেশ প্রদান করিতে পারিবেন।

(৩) উপ-ধারা (১) এ বাজেয়াপ্তকৃত মৎস্যখাদ্য ও পশুখাদ্য ক্ষমতাপ্রাপ্ত কর্মকর্তা বা তাহার মনোনীত প্রতিনিধির উপস্থিতিতে জনস্বাস্থ্যের বা পরিবেশের উপর বিরূপ প্রতিক্রিয়ার সৃষ্টি করে না এমন স্বাস্থ্যসম্মত পন্থায় বিনষ্ট করিবেন এবং উক্তরূপে বিনষ্টকরণ সংক্রান্ত রেকর্ডপত্র কারখানা কর্তৃপক্ষ কর্তৃক যথাযথভাবে সংরক্ষণ করিতে হইবে।

কোম্পানী কর্তৃক অপরাধ সংঘটন	১৭। কোন কোম্পানী কর্তৃক এই আইনের অধীন কোন অপরাধ সংঘটিত হইলে উক্ত অপরাধের সহিত প্রত্যক্ষ সংশ্লিষ্টতা রহিয়াছে কোম্পানীর এইরূপ প্রত্যেক পরিচালক, ম্যানেজার, সচিব, অংশীদার, কর্মকর্তা এবং কর্মচারী উক্ত অপরাধ সংঘটন করিয়াছেন বলিয়া গণ্য হইবে, যদি না তিনি প্রমাণ করিতে পারেন যে, উক্ত অপরাধ তাহার অজ্ঞাতসারে সংঘটিত হইয়াছে অথবা উক্ত অপরাধ রোধ করিবার জন্য তিনি যথাসাধ্য চেষ্টা করিয়াছেন।

অপরাধ বিচারার্থ গ্রহণ ও বিচার	১৮। (১) মহাপরিচালক বা ক্ষমতাপ্রাপ্ত কর্মকর্তার লিখিত অভিযোগ ব্যতীত কোন আদালত এই আইনের অধীন কোন মামলা বিচারার্থ গ্রহণ করিবে না।

(২) ফৌজদারী কার্যবিধিতে যাহা কিছুই থাকুক না কেন, এই আইনের অধীন অপরাধসমূহ প্রথম শ্রেণীর ম্যাজিস্ট্রেট বা মেট্রোপলিটন ম্যাজিস্ট্রেট কর্তৃক বিচার্য হইবে।

(৩) এই আইনে ভিন্নতর কিছু না থাকিলে, এই আইনের অধীন সংঘটিত অপরাধের বিচার সংক্ষিপ্ত পদ্ধতিতে অনুষ্ঠিত হইবে এবং এতদুদ্দেশ্যে ফৌজদারী কার্যবিধির Chapter XXII তে বর্ণিত পদ্ধতি, যতদূর সম্ভব, প্রযোজ্য হইবে।

অপরাধের আমলযোগ্যতা ও জামিনযোগ্যতা	১৯। এই আইনের অধীন অপরাধসমূহ অ-আমলযোগ্য (non-cognizable) ও জামিনযোগ্য (bailable) হইবে।

দন্ড	২০। যদি কোন ব্যক্তি এই আইনের অধীন কোন অপরাধ করেন তাহা হইলে উক্ত ব্যক্তি অনুরূপ অপরাধের জন্য অনূর্ধ্ব এক বৎসরের কারাদণ্ড, বা অনূর্ধ্ব ৫০০০০.০০ (পঞ্চাশ হাজার) টাকা পর্যন্ত অর্থদণ্ড, বা উভয় দণ্ডে দণ্ডিত হইবেন।

অর্থদন্ড আরোপের ক্ষেত্রে ম্যাজিস্ট্রেটের বিশেষ ক্ষমতা

২১। ফৌজদারী কার্যবিধিতে যাহা কিছুই থাকুক না কেন, এই আইনের অধীন কোন প্রথম শ্রেণীর ম্যাজিস্ট্রেট বা মেট্রোপলিটন ম্যাজিস্ট্রেট দোষী সাব্যস্ত ব্যক্তিকে সংশ্লিষ্ট অপরাধের জন্য এই আইনে অনুমোদিত যে কোন দন্ড আরোপ করিতে পারিবে।

বিধি প্রণয়নের ক্ষমতা

২২। সরকার, সরকারী গেজেটে প্রজ্ঞাপন দ্বারা, এই আইনের উদ্দেশ্য পূরণকল্পে বিধি প্রণয়ন করিতে পারিবে।

ইংরেজিতে অনুদিত পাঠ প্রকাশ

২৩। এই আইন কার্যকরী হইবার পর সরকার, সরকারী গেজেটে প্রজ্ঞাপন দ্বারা, এই আইনের ইংরেজিতে অনূদিত একটি পাঠ প্রকাশ করিবে যাহা এই অধ্যাদেশের অনুমোদিত ইংরেজি পাঠ (Authentic English Text) নামে অভিহিত হইবেঃ

তবে শর্ত থাকে যে, বাংলা ও ইংরেজি পাঠের মধ্যে বিরোধের ক্ষেত্রে বাংলা পাঠ প্রাধান্য পাইবে।

হেফাজত সংক্রান্ত বিশেষ বিধান

২৪। (১) মৎস্যখাদ্য ও পশুখাদ্য অধ্যাদেশ, ২০০৮ (২০০৮ সনের ২০ নং অধ্যাদেশ), অতঃপর উক্ত অধ্যাদেশ বলিয়া উল্লিখিত, এর অধীন কৃত কাজকর্ম বা গৃহীত ব্যবস্থা এই আইনের অধীন কৃত বা গৃহীত হইয়াছে বলিয়া গণ্য হইবে।

(২) গণপ্রজাতন্ত্রী বাংলাদেশের সংবিধানের অনুচ্ছেদ ৯৩(২) এর বিধান অনুসারে উক্ত অধ্যাদেশ এর কার্যকরতা লোপ পাওয়া সত্ত্বেও অনুরূপ লোপ পাইবার পর উহার ধারাবাহিকতায় বা বিবেচিত ধারাবাহিকতায় কোন কাজকর্ম কৃত বা ব্যবস্থা গৃহীত হইয়া থাকিলে উহা এই আইনের অধীনেই কৃত বা গৃহীত হইয়াছে বলিয়া গণ্য হইবে।

POLÍTICA NACIONAL DE DESENVOLVIMENTO AVÍCOLA 2008

জাতীয় পোল্ট্রি উন্নয়ন নীতিমালা ২০০৮

মৎস্য ও পশুসম্পদ মন্ত্রণালয়
গণপ্রজাতন্ত্রী বাংলাদেশ সরকার

গণপ্রজাতন্ত্রী বাংলাদেশ সরকার

জাতীয় পোল্ট্রি উন্নয়ন নীতিমালা ২০০৮

মৎস্য ও পশুসম্পদ মন্ত্রণালয়

সূচিপত্র

১.০   ভূমিকা

১.১   পোল্ট্রি বলতে বুঝায় পাখি জাতীয় যে সকল প্রজাতি মানুষের তত্ত্বাবধানে থেকে বংশ বৃদ্ধি করে এবং মানুষের আর্থ-সামাজিক উন্নয়নে গুরুত্বপূর্ণ ভূমিকা রাখে যেমনঃ হাঁস, মুরগি, কোয়েল, কবুতর, টার্কি ইত্যাদি। পোল্ট্রি শিল্পের উন্নয়ন বলতে পোল্ট্রি ও এর সাথে সংশ্লিষ্ট অন্যান্য পণ্যের বিজ্ঞানসম্মত উৎপাদন, ব্যবস্থাপনা বা বাজার ব্যবস্থাপনার উন্নয়নকে বুঝায়।

১.২   বাংলাদেশের পোল্ট্রি পালন পদ্ধতি প্রধানতঃ দু'ভাগে বিভক্ত। একটি হল ঐতিহ্যগতভাবে পরিচালিত পারিবারিক পদ্ধতি এবং অন্যটি বাণিজ্যিক পোল্ট্রি পালন পদ্ধতি। গ্রামীণ এলাকায় প্রায় ৮০ ভাগ বাড়িতে পারিবারিক পদ্ধতিতে হাঁস ও মুরগি পালন করা হয়। বাংলাদেশে আবহাওয়া উপযোগী উন্নত কৌলিক মানের পোল্ট্রির জাত উন্নয়নে পারিবারিক পোল্ট্রির কৌলিক বৈশিষ্ট্য (Genetic trait) অত্যন্ত গুরুত্বপূর্ণ।

১.৩   বর্তমানে দেশে মোট পোল্ট্রির সংখ্যা প্রায় ২৪৬ মিলিয়ন। ডিম উৎপাদনে বাণিজ্যিক ও পারিবারিক খামারের অনুপাত প্রায় সমান সমান এবং মাংস উৎপাদনে বাণিজ্যিক ও পারিবারিক খামারের অনুপাত প্রায় ৬০ঃ৪০। পোল্ট্রি শিল্পটি কম পুঁজি নির্ভর ও অধিক শ্রমঘন হওয়ায় দেশে কর্মসংস্থানের সুযোগ সৃষ্টি ও দারিদ্র্য বিমোচনের অন্যতম মাধ্যম হিসেবে বিবেচিত হচ্ছে। পোল্ট্রি শিল্পে বিনিয়োগকৃত অর্থের পরিমাণ প্রায় ১৫ হাজার কোটি টাকা এবং শুধুমাত্র বাণিজ্যিক পোল্ট্রিতে প্রত্যক্ষ ও পরোক্ষভাবে প্রায় ৫০ লক্ষ লোকের কর্মসংস্থানের সুযোগ সৃষ্টি হয়েছে। সুতরাং পোল্ট্রির উন্নয়ন পরিকল্পনায় বাণিজ্যিক ও পারিবারিক পোল্ট্রি সমান গুরুত্ব বহন করে। সরকারের ভূমিকা মূলতঃ মান উন্নয়ন, স্বাস্থ্য সেবা, প্রশিক্ষণ, সম্প্রসারণ ও গবেষণা কার্যক্রমে সীমাবদ্ধ থাকবে। পোল্ট্রি উন্নয়নে বেসরকারি খাত মুখ্য ভূমিকা পালন করবে এবং সরকার সহায়তাকারীর ভূমিকা পালন করবে।

১.৪   বাংলাদেশের সমগ্র জনগোষ্ঠীর আমিষের চাহিদা পূরণ, কর্মসংস্থান, দরিদ্র জনগোষ্ঠীর জীবন মান উন্নয়ন, জীববৈচিত্র্য সংরক্ষণ, জাত উদ্ভাবন ও উন্নয়নে পারিবারিক পোল্ট্রির কৌলিক বৈশিষ্ট্য সংরক্ষণ, বাজার সৃষ্টি, পোল্ট্রির স্বাস্থ্যসেবা প্রদান ও দক্ষ জনশক্তি সৃষ্টির পূর্বশর্ত হিসেবে একটি উন্নয়ন-বান্ধব পোল্ট্রি নীতি প্রয়োজন। এতদুদ্দেশ্যে সরকার জাতীয় পোল্ট্রি উন্নয়ন নীতিমালা, ২০০৮ প্রণয়ন করছে।

২.০   সংজ্ঞাসমূহ

২.১   **পারিবারিক পোল্ট্রি ঃ** পারিবারিক পোল্ট্রি বলতে উন্মুক্ত (Scavenging) বা অর্ধ-উন্মুক্ত (Semi-scavenging) অবস্থায় পরিবারের সদস্যদের শ্রমের মাধ্যমে পালিত পোল্ট্রিকে বুঝায়, যা পরিবারের আয় ও খাদ্য নিরাপত্তা বৃদ্ধিতে সহায়ক ভূমিকা পালন করে।

২.২   **বাণিজ্যিক পোল্ট্রি ঃ** বাণিজ্যিক পোল্ট্রি বলতে ব্যবসার উদ্দেশ্যে সম্পূর্ণ আবদ্ধ অবস্থায় মেঝেতে (Floor) অথবা খাঁচায় (Cage) প্রতিপালিত অধিক উৎপাদনশীল (ডিম ও মাংস) বাণিজ্যিক প্রজাতির পোল্ট্রিকে বুঝায়। ব্যবসায়িক উদ্দেশ্যে ১০০ বা তদূর্ধ্ব সংখ্যক পোল্ট্রি পালন বাণিজ্যিক পোল্ট্রি হিসেবে গণ্য হবে।

২.৩   **অর্গানিক পোল্ট্রি ঃ** খামারে কীটনাশক, এন্টিবায়োটিক, হরমোন, Growth Promoter Feed additives বা অন্য কোন ঔষধ ব্যবহার ব্যতিরেকে ক্লেশ ও পীড়নমুক্ত পরিবেশে জৈব খাদ্যে (Genetically Modified Organism ব্যতিত) প্রতিপালিত খামারের পোল্ট্রিকে অর্গানিক পোল্ট্রি বুঝাবে।

৩.০ জাতীয় পোল্ট্রি নীতির উদ্দেশ্যাবলী

৩.১ উৎপাদন ঃ

৩.১.১ প্রাণীজ আমিষের জাতীয় চাহিদা পূরণের লক্ষ্যে পোল্ট্রি ও পোল্ট্রিজাত দ্রব্যাদির বিশেষতঃ ডিম ও মাংসের উৎপাদন বৃদ্ধি;

৩.১.২ স্বাস্থ্যসম্মত এবং মানসম্মত ডিম, মাংস ও পোল্ট্রিজাত দ্রব্যাদির প্রাপ্যতা বৃদ্ধি;

৩.১.৩ পর্যায়ক্রমে পোল্ট্রি খাদ্য উৎপাদনে স্বয়ংসম্পূর্ণতা অর্জন;

৩.১.৪ বাংলাদেশের আবহাওয়া উপযোগী উন্নত কৌলিক মানের পোল্ট্রি জাত উন্নয়ন/ উদ্ভাবন;

৩.২ উদ্যোক্তা উন্নয়ন ঃ

৩.২.১ পোল্ট্রি ও পোল্ট্রি শিল্পের বিকাশের মাধ্যমে কর্মসংস্থান সৃষ্টি;

৩.২.২ কর্মসংস্থান ও আয় বৃদ্ধির লক্ষ্যে ভূমিহীন ও প্রান্তিক চাষী, বেকার যুবক, দুঃস্থ মহিলাদের পোল্ট্রি পালনে উদ্বুদ্ধ করা এবং সুযোগ সৃষ্টি ও পোল্ট্রি খাতের উন্নয়নের মাধ্যমে দারিদ্র বিমোচন করা;

৩.২.৩ সিটি কর্পোরেশন, পৌরসভাসহ সকল বাজারে জীবন্ত মুরগির বিক্রয় স্থলের (Live bird market) জীব নিরাপত্তা উন্নয়নের মাধ্যমে স্বাস্থ্যসম্মত পরিবেশ সৃষ্টি;

৩.২.৪ পোল্ট্রি ও পোল্ট্রিজাত দ্রব্যাদির বাজার সৃষ্টি এবং রপ্তানির মাধ্যমে বৈদেশিক মুদ্রা অর্জন;

৩.২.৫ জীব নিরাপত্তা নিশ্চিত করতঃ উপযুক্ত স্থানে পরিবেশ-বান্ধব খামার স্থাপন;

৩.২.৬ পোল্ট্রি খাতে দক্ষ জনশক্তি সৃষ্টি;

৩.২.৭ পোল্ট্রি খামারের বর্জ্য ব্যবস্থাপনার উন্নয়ন;

৩.৩ সম্প্রসারণ ঃ

৩.৩.১ পোল্ট্রির বাচ্চা, খাদ্য, ঔষধ ও টিকার মান নিয়ন্ত্রণ;

৩.৩.২ পোল্ট্রি খাতে সরকারি ও বেসরকারি পর্যায়ে গবেষণা কার্যক্রম জোরদারকরণ;

৩.৩.৩ পোল্ট্রি স্বাস্থ্য সেবা সম্প্রসারণ ও আধুনিকীকরণ;

৩.৩.৪ পোল্ট্রি ও পোল্ট্রিজাত দ্রব্যের সুষ্ঠু বাজারজাতকরণের সুবিধা সৃষ্টি;

৩.৩.৫ পোল্ট্রি মাংস প্রক্রিয়াজাতকরণ শিল্প স্থাপনে উৎসাহ প্রদান; এবং

৩.৩.৬ পোল্ট্রির উন্নয়নের উপযুক্ত পরিবেশ সৃষ্টি।

৪.০ জাতীয় পোল্ট্রি উন্নয়ন নীতির প্রয়োগ ও পরিধি

পোল্ট্রি সম্পদ উন্নয়ন, উৎপাদন ও সংরক্ষণ, আমদানি-রপ্তানি বা পোল্ট্রি সম্পর্কীয় ব্যবসার সাথে জড়িত বাংলাদেশের ভৌগোলিক পরিসীমার মধ্যে অবস্থানকারী, সরকারি, স্বায়ত্তশাসিত প্রতিষ্ঠান, বহুজাতিক প্রতিষ্ঠান, বিভিন্ন বেসরকারি প্রতিষ্ঠান, বেসরকারি স্বেচ্ছাসেবী সংস্থা ও ব্যক্তি জাতীয় পোল্ট্রি উন্নয়ন নীতির আওতাভুক্ত হবে।

৫.০ পোল্ট্রি নীতি বাস্তবায়নের ক্ষেত্রসমূহ

৫.১ উৎপাদন

৫.১.১ পোল্ট্রি উৎপাদন;

৫.১.২ পোল্ট্রি খাদ্য উৎপাদন;

৫.২ উদ্যোক্তা উন্নয়ন

৫.২.১ দারিদ্র্য বিমোচন;

৫.২.২ পুঁজি বিনিয়োগ, ঋণ ও বীমা ব্যবস্থাপনা;

৫.২.৩ বিপণন ব্যবস্থাপনা;

৫.২.৪ পোল্ট্রি জাত দ্রব্যাদি প্রক্রিয়াজাত ও রপ্তানি;

৫.৩ সম্প্রসারণ

৫.৩.১ পোল্ট্রি চিকিৎসা ও রোগ নিয়ন্ত্রণ;

৫.৩.২ মানবসম্পদ উন্নয়ন;

৫.৩.৩ প্রাতিষ্ঠানিক উন্নয়ন;

৫.৩.৪ পোল্ট্রি গবেষণা;

৫.৩.৫ রেজিস্ট্রেশন প্রদান;

৫.৪ মাননিয়ন্ত্রণ

৫.৪.১ পোল্ট্রি বাচ্চা;

৫.৪.২ পোল্ট্রি খাদ্য;

৫.৪.৩ মাংস ও ডিম;

৫.৪.৪ পোল্ট্রি টীকা ও ঔষধ।

৬.০ পোল্ট্রি নীতির বাস্তবায়ন কৌশল

৬.১ পোল্ট্রি উৎপাদন

৬.১.১ বাণিজ্যিক পোল্ট্রিপালন।

৬.১.১.১ বাণিজ্যিক খামার স্থাপনের শর্তাবলীঃ

(ক) বাণিজ্যিক খামার ঘনবসতি এলাকা এবং শহরের বাইরে স্থাপন করতে হবে;

(খ) একটি বাণিজ্যিক খামার থেকে আরেকটি খামারের দূরত্ব ন্যূনতম ২০০ মিটার হতে হবে;

(গ) ব্রিডিং খামারের পারস্পরিক দূরত্ব ন্যূনতম ৫ কিলোমিটার হতে হবে;

(ঘ)   গ্র্যান্ড প্যারেন্ট স্টক (Grand Parent Stock) ও প্যারেন্ট স্টক (Parent Stock) খামার লোকালয়ের বাইরে স্থাপন করতে হবে এবং উভয় শ্রেণীর খামারের ২ কিলোমিটারের মধ্যে কোন প্যারেন্ট স্টক/বাণিজ্যিক খামার প্রতিষ্ঠা করা যাবে না। গ্র্যান্ড প্যারেন্ট স্টক (Grand Parent Stock) ও প্যারেন্ট স্টক (Parent Stock) খামার স্থাপনের পূর্বে পশুসম্পদ অধিদপ্তরের অনুমতি গ্রহণ করতে হবে;

(ঙ)   খামার ও হ্যাচারি স্থাপন পরিকল্পনায় উন্নত জীব নিরাপত্তা ব্যবস্থার উল্লেখ থাকতে হবে;

(চ)   খামার ও হ্যাচারি পরিকল্পনায় বর্জ্য স্বাস্থ্যসম্মত উপায়ে অপসারণ (disposal) এর ব্যবস্থা থাকতে হবে; এবং

(ছ)   খামার ও হ্যাচারির জন্য নির্ধারিত স্থানে স্বাস্থ্যসম্মত বর্জ্য অপসারণ এর জন্য প্রয়োজনীয় স্থানের সংস্থান থাকতে হবে।

৬.১.২ পারিবারিক পোল্ট্রি পালন

৬.১.২.১   পারিবারিক খামারের উৎপাদনশীলতা বৃদ্ধির লক্ষ্যে বর্তমানে প্রচলিত উপযুক্ত জাতের পোল্ট্রির সঙ্গে শংকরায়নের মাধ্যমে উৎপাদনশীল জাত সৃষ্টির প্রচেষ্টা অব্যাহত থাকবে এবং পশুসম্পদ অধিদপ্তরের বিদ্যমান সম্প্রসারণ কার্যক্রম জোরদার করা হবে;

৬.১.২.২   পোল্ট্রির জীব বৈচিত্র্য রক্ষা, দেশীয় জাতের উন্নয়ন ও বৈরী পরিবেশে পালন উপযোগী জাত সৃষ্টির লক্ষ্যে দেশী জাতের মুরগির কৌলিক গুণাগুণ (Genetic potentiality) সংরক্ষণকরতঃ গবেষণা কাজে ব্যবহার করা হবে;

৬.১.২.৩   উৎপাদন ও আয় বৃদ্ধির লক্ষ্যে বাংলাদেশ পশুসম্পদ গবেষণা প্রতিষ্ঠানসহ সংশ্লিষ্ট অন্যান্য প্রতিষ্ঠানের সাথে সমন্বয়ের মাধ্যমে গ্রামীণ পর্যায়ে প্রয়োগ উপযোগী পোল্ট্রি পালনের টেকসই প্রযুক্তি উদ্ভাবনের উদ্যোগ গ্রহণ করা হবে। উদ্ভাবিত প্রযুক্তি প্রদর্শনী (Demonstration) এবং প্রশিক্ষণের মাধ্যমে খামার পর্যায়ে হস্তান্তর/সম্প্রসারণের ব্যবস্থা নেওয়া হবে;

৬.১.২.৪   সরকারি খামারে উন্নত জাতের হাঁস উৎপাদনের মাধ্যমে খামারিদের মাঝে বিতরণের কার্যক্রম জোরদার করাসহ বেসরকারি খাতে এ ধরনের উদ্যোগকে সহায়তা প্রদান করা হবে;

৬.১.২.৫   এভিয়ান ইনফ্লুয়েঞ্জাসহ বিভিন্ন রোগ নিয়ন্ত্রণের জন্য মিশ্র খামার বিশেষ করে হাঁস ও মুরগী একসাথে পালন নিরুৎসাহিত করা হবে; এবং

৬.১.২.৬   পারিবারিক পর্যায়ে পোল্ট্রি পালনের ক্ষেত্রে স্বাস্থ্যসম্মত বর্জ্য ব্যবস্থাপনার উপর গুরুত্ব প্রদান করা হবে এবং এ বিষয়ে খামারি পর্যায়ে প্রশিক্ষণের ব্যবস্থা গ্রহণ করা হবে।

৬.২ পোল্ট্রি খাদ্য উৎপাদন ও আমদানি

৬.২.১ ভুট্টা ও সয়াবিন উৎপাদন বৃদ্ধি, সংরক্ষণ ও প্রক্রিয়াজাতকরণে উদ্যোক্তাদের সহায়তা প্রদান করা হবে ; এ ক্ষেত্রে কৃষি সম্প্রসারণ অধিদপ্তর ও সংশ্লিষ্ট অন্যান্য কর্তৃপক্ষের সঙ্গে সমন্বিত কার্যক্রম গ্রহণের উদ্যোগ নেয়া হবে;

৬.২.২ পোল্ট্রি ফিডের অন্যতম উপাদান সয়াবিন মিল (Soyabean Meal) এর সহজলভ্যতা নিশ্চিত করতে দেশে সয়াবিন তৈলবীজ আমদানী ও Soyabean Oil Extraction Mill স্থাপনের উদ্যোগকে সহায়তা প্রদান করা হবে;

৬.২.৩ স্থানীয়ভাবে খাদ্য উপাদান থেকে সুলভ মূল্যে পুষ্টিকর, সহজলভ্য ও সুষম পোল্ট্রি খাদ্য উৎপাদনে কারিগরী সহায়তা প্রদান করা হবে;

৬.২.৪ পোল্ট্রি খাদ্যের উৎপাদন, চাহিদা ও অন্যান্য তথ্য সমৃদ্ধ একটি ডাটাবেজ পশুসম্পদ অধিদপ্তরে প্রতিষ্ঠা করা হবে এবং ডাটাবেজের তথ্য বাৎসরিক ভিত্তিতে প্রকাশ করা হবে। উদ্যোক্তা ও খামারিকে চাহিদামাফিক প্রয়োজনীয় তথ্য দিয়ে সহায়তা করা হবে;

৬.২.৫ স্থানীয় পর্যায়ে খাদ্য বিশ্লেষণ (Feed analysis) সুবিধা সম্প্রসারণ করা হবে। পশুসম্পদ অধিদপ্তর এর অধীন পশুপুষ্টি গবেষণাগার পোল্ট্রি খাদ্যের মান নিয়ন্ত্রণের জন্য Nutrition Reference Laboratory হিসেবে কাজ করবে এবং এ জন্য দক্ষ জনশক্তি নিয়োগের ব্যবস্থা গ্রহণ করা হবে;

৬.২.৬ অপ্রচলিত খাদ্য উপাদানকে পোল্ট্রি খাদ্য হিসাবে ব্যবহার করার যে কোন গবেষণাকে উৎসাহিত করা হবে ;

৬.২.৭ রোমন্থক প্রাণীর (Ruminant) খাদ্য হিসেবে হাড্ডের গুড়া (Bone meal) ও মিট মিল (Meat meal) এর ব্যবহার জনস্বাস্থ্যের জন্য ঝুঁকিপূর্ণ বিধায় Bone meal, Meat meal এবং Meat and Bone Meal দ্বারা প্রস্তুতকৃত প্রোটিন কনসেনট্রেট আমদানির ক্ষেত্রে উৎস প্রাণীর নামসহ রপ্তানিকারক দেশের ভেটেরিনারি কর্তৃপক্ষের নিকট হতে "উৎপাদিত পণ্য কোন ভাবেই Transmibbible Spongiform Encephalopathy (TSE) দ্বারা সংক্রামিত নয়" মর্মে প্রত্যায়নপত্র দাখিল করতে হবে;

৬.২.৮ শুকরের Bone meal এবং Meat meal আমদানি নিষিদ্ধ থাকবে; এবং

৬.২.৯ ট্যানারি শিল্পের বর্জ্য দিয়ে উৎপাদিত মিট এন্ড বোন মিল/প্রোটিন মিল পোল্ট্রি খাদ্যের উপযোগী নয় বিধায় তা উৎপাদন করা যাবে না।

৭.০ **উদ্যোক্তা উন্নয়ন ঃ** পোল্ট্রি ক্ষেত্রে উৎপাদনশীলতা বৃদ্ধির লক্ষ্যে সরকার দারিদ্র বিমোচন, পুঁজি বিনিয়োগ, ঋণ ও বীমা ব্যবস্থাপনা, বিপণন ব্যবস্থাপনায় প্রণোদনামূলক কার্যক্রম বাস্তবায়ন করবে।

৭.১ দারিদ্র বিমোচন

৭.১.১ দারিদ্র বিমোচন কৌশলপত্র বাস্তবায়নে পোল্ট্রিকে অন্যতম মাধ্যম (Tool) হিসাবে ব্যবহার করা হবে;

৭.১.২ প্রান্তিক এবং দরিদ্র জনগোষ্ঠির আয় বৃদ্ধির লক্ষ্যে পারিবারিক পর্যায়ে লাগসই ক্ষুদ্র পোল্ট্রি খামারের মডেল তৈরীর জন্য কার্যকরী উদ্যোগ গ্রহণ করা হবে; এবং

৭.১.৩ প্রান্তিক এবং দরিদ্র জনগোষ্ঠির আয় বৃদ্ধির লক্ষ্যে পারিবারিক পর্যায়ে পোল্ট্রি পালনে পশুসম্পদ অধিদপ্তর কারিগরী সহায়তা ও সেবা প্রদান করবে।

৭.২ পুঁজি বিনিয়োগ, ঋণ ও বীমা ব্যবস্থাপনা

৭.২.১ পোল্ট্রি খাতে ব্যবহৃত বিদ্যুৎ বিলের বর্তমান রেয়াতি হার যৌক্তিক সময় পর্যন্ত অব্যাহত রাখা হবে;

৭.২.২ বাণিজ্যিক পোল্ট্রি খামারের ক্ষেত্রে সরকারি বেসরকারি বীমা কোম্পানীর মাধ্যমে বীমা সুবিধা প্রদানের লক্ষ্যে সরকার কর্তৃক উদ্যোগ গ্রহণ করা হবে;

৭.২.৩ পোল্ট্রি উৎপাদনকারী খামারীদের নিকট উপকরণ সহজলভ্য করার লক্ষ্যে প্রয়োজনীয় ক্ষেত্রে হ্যাচারি/ব্রিডিং খামার স্থাপন, পোল্ট্রিজাত দ্রব্য পরিবহন ও সংরক্ষণ এবং পোল্ট্রি চিকিৎসায় ব্যবহৃত সরঞ্জামাদি উৎপাদনে ও পোল্ট্রি খামারে ব্যবহৃত সামগ্রী ও যন্ত্রপাতি স্থানীয়ভাবে তৈরিতে বেসরকারি উদ্যোক্তাকে উৎসাহ ও সহায়তা প্রদান করা হবে;

৭.২.৪ বিদ্যমান কর অবকাশের সুবিধা যৌক্তিক সময় পর্যন্ত অব্যাহত রাখার ব্যবস্থা গ্রহণ করা হবে; এবং

৭.২.৫ পোল্ট্রি শিল্পকে প্রাণীজ কৃষি খাত (Animal Agriculture) হিসেবে গণ্য করে সকল ক্ষেত্রে শস্য খাতের (Crop Agriculture) অনুরূপ সুযোগ সুবিধা প্রদানের উদ্যোগ নেয়া হবে।

৭.৩ বিপণন ব্যবস্থাপনা

৭.৩.১ বিপণনের সুবিধার্থে খামারীদের সমবায় সমিতি গড়ে তুলতে উৎসাহ ও সহায়তা দেয়া হবে;

৭.৩.২ পোল্ট্রি প্রোডাক্ট প্রক্রিয়াজাতকরণে উৎসাহ ও সহায়তা প্রদান করা হবে;

৭.৩.৩ পোল্ট্রি উৎপাদনের উপকরণসহ পোল্ট্রি ও পোল্ট্রি প্রোডাক্টের বর্তমান বাজার মূল্য, চাহিদা ও সরবরাহ সংক্রান্ত তথ্য প্রবাহে পশুসম্পদ অধিদপ্তর সহায়তা প্রদান করবে। এ লক্ষ্যে পশুসম্পদ অধিদপ্তরে বিপণন সহায়তা শাখা (Poultry marketing support service) প্রতিষ্ঠা করা হবে;

৭.৩.৪ পোল্ট্রি সামগ্রী বিপণনে মধ্যসত্বভোগীদের প্রভাব হ্রাস করার লক্ষ্যে সরকার কর্তৃক প্রতিষ্ঠিতব্য কৃষি বাজারের অংগ হিসেবে স্বাস্থ্যসম্মত পোল্ট্রিবাজার অন্তর্ভুক্ত করা হবে;

৭.৩.৫ পোল্ট্রি ও পোল্ট্রি সংশ্লিষ্ট উপকরণের সঠিক চাহিদা নিরূপণ, বাজার ব্যবস্থার অসংগতিসমূহ চিহ্নিতকরণ ও তা দূরীকরণে ব্যবস্থা গ্রহণ করা হবে;

৭.৩.৬ পোল্ট্রি শিল্পকে প্রতিযোগিতামূলক ব্যবসা হিসেবে প্রতিষ্ঠা করার জন্য পোল্ট্রি পুষ্টি সামগ্রী উৎপাদন, পোল্ট্রি শিল্প সংক্রান্ত যন্ত্রপাতি, ঔষধপত্রের কাচামাল ও প্রস্তুতকৃত ঔষধের ক্ষেত্রে আমদানি শুল্ক, মূল্য সংযোজন কর যৌক্তিকভাবে নির্ধারণের উদ্যোগ নেয়া হবে;

৭.৩.৭ পোল্ট্রি ও পোল্ট্রি প্রোডাক্ট জনসাধারণের মাঝে জনপ্রিয় করে গড়ে তোলার জন্য বিভিন্ন জাতীয় গণমাধ্যমে প্রচার জোরদার করা হবে;

৭.৩.৮ পশুসম্পদ অধিদপ্তর ও পোল্ট্রি শিল্পে সংশ্লিষ্ট সমিতির মাধ্যমে মানসম্মত বাচ্চার বৈশিষ্ট্যসমূহ সাধারণ খামারীদের অবহিত করার ব্যবস্থা নেয়া হবে;

৭.৩.৯ কাঁচা বাজারের জীব নিরাপত্তা উন্নয়ন, পোল্ট্রি বিপণন, সংরক্ষণ ও বর্জ্য ব্যবস্থাপনার উন্নয়নের ব্যবস্থা করতে হবে। স্থানীয় সরকারের বিভিন্ন প্রতিষ্ঠান (ইউনিয়ন পরিষদ, পৌরসভা, সিটি কর্পোরেশন) এ ব্যাপারে যথাযথ উদ্যোগ নেবে। এ বিষয়ে জনসচেতনতা বৃদ্ধির লক্ষ্যে ব্যাপক প্রচারণা চালানো হবে;

৭.৩.১০ পোল্ট্রিজাত পণ্য ও খাবার তৈরীর কারখানা, বিক্রয় কেন্দ্রের ট্রেড লাইসেন্স প্রদানে সিটি কর্পোরেশনের ক্ষেত্রে স্থানীয় সরকার কর্তৃপক্ষের ভেটেরিনারিয়ান এবং অন্যান্য এলাকার ক্ষেত্রে উপজেলা পশুসম্পদ কর্মকর্তার মতামত ও স্বাস্থ্যগত সনদ গ্রহণ করতে হবে; এবং

৭.৩.১১ রোগ বিস্তার ও জীব নিরাপত্তার স্বার্থে সিটি কর্পোরেশন/পৌরসভা এলাকায় জীবিত হাঁস-মুরগি বিক্রয় নিরুৎসাহিত করা হবে এবং কোল্ড চেইনের মাধ্যমে ড্রেসড পোল্ট্রি বিক্রি উৎসাহিত করা হবে।

৭.৪ পোল্ট্রিজাত দ্রব্যাদি প্রক্রিয়াজাতকরণ ও রপ্তানি

৭.৪.১ পোল্ট্রি ও পোল্ট্রিজাত দ্রব্যাদি প্রক্রিয়াজাত, রপ্তানির বিষয়ে সরকার কর্তৃক পর্যাপ্ত সুযোগ সুবিধা প্রদান করে উৎসাহিত করা হবে এবং মানসম্পন্ন পোল্ট্রিজাত সামগ্রী রপ্তানির জন্য প্রয়োজনীয় পদক্ষেপ গ্রহণ করা হবে;

৭.৪.২ পোল্ট্রি ও পোল্ট্রিজাত পণ্য রপ্তানিতে বিভিন্ন দেশে বাংলাদেশ মিশনসহ অন্যান্য ব্যবস্থা কাজে লাগিয়ে রপ্তানি বাজার সম্প্রসারণ করা হবে;

৭.৪.৩ পোল্ট্রি বর্জ্যের জৈবসার এবং পরিবেশ-বান্ধব, স্বাস্থ্যসম্মত বহুমুখী ব্যবহারের ক্ষেত্রে কোন প্রতিষ্ঠান/ব্যক্তি উদ্যোগী হলে তাকে প্রয়োজনীয় সহায়তা প্রদান করা হবে;

৭.৪.৪ রপ্তানি সুযোগ সৃষ্টির লক্ষ্যে উৎপাদনকারীগণ যাতে HACCP (Hazard Analysis on Critical Control Point) এবং SPS (Sanitary and Phytosanitary) শর্তাদি পূরণ করতে পারে সে জন্য সরকার সহায়ক ভূমিকা পালন করবে;

৭.৪.৫ রপ্তানির উদ্দেশ্যে পোল্ট্রি ও পোল্ট্রিজাত দ্রব্যাদির আন্তর্জাতিক মান নিশ্চিতকরণের জন্য সার্টিফিকেশনের ব্যবস্থা করা হবে। পশুসম্পদ অধিদপ্তর এ ব্যাপারে মুখ্য ভূমিকা পালন করবে। রপ্তানির জন্য Organic পোল্ট্রি ও Low Cholesterol ডিম উৎপাদনে সহায়তা করা হবে; এবং

৭.৪.৬ পোল্ট্রিজাত পণ্য আমদানি ও রপ্তানির ক্ষেত্রে সংগনিরোধ সুবিধা সৃষ্টি করা হবে।

৮.০ সম্প্রসারণ

৮.১ পারিবারিক/বাণিজ্যিক পদ্ধতিতে পোল্ট্রি পালনকে আরো উন্নত ও টেকসই করার লক্ষ্যে বর্তমান সম্প্রসারণ কার্যক্রমকে আরো জোরদার করা হবে। পশুসম্পদ অধিদপ্তরের মাঠ পর্যায়ের জনবলকে পোল্ট্রি বিষয়ে অধিকতর দক্ষ জনশক্তিতে রূপান্তরের ব্যবস্থা করা হবে। মাঠ পর্যায়ে পোল্ট্রি স্বাস্থ্যসেবা ও সম্প্রসারণ কার্যক্রম সুষ্ঠুভাবে পরিচালনার স্বার্থে ইউনিয়ন ও উপজেলা পর্যায়ে মাঠকর্মীসহ কর্মকর্তা নিয়োগের উদ্যোগ নেয়া হবে;

৮.১.২ পারিবারিক/বাণিজ্যিক পদ্ধতিতে পোল্ট্রি পালন ব্যবস্থাপনা উন্নয়নের জন্য প্যাকেজ ভিত্তিক কর্মসূচী মাঠ পর্যায়ে সম্প্রসারণের উদ্যোগ নেয়া হবে।

৮.১.৩ দেশব্যাপী প্রতি বছর পোল্ট্রি সপ্তাহ পালনের ব্যবস্থা নেয়া হবে; এবং

৮.১.৪ দেশব্যাপী খামারি পর্যায়ে দক্ষতা উন্নয়ন ও প্রযুক্তি হস্তান্তরের লক্ষ্যে প্রদর্শনী মডেল খামার স্থাপন করা হবে।

৮.২ পোল্ট্রি চিকিৎসা ও রোগ নিয়ন্ত্রণ

৮.২.১ পোল্ট্রির মানসম্পন্ন ঔষধ ও টিকা প্রাপ্তির নিশ্চয়তা বিধান করা হবে। ঔষধ ও টিকার মান যাচাইয়ের জন্য বাংলাদেশ পশুসম্পদ গবেষণা প্রতিষ্ঠানে একটি মাননিয়ন্ত্রণ গবেষণাগার প্রতিষ্ঠা করা হবে;

৮.২.২ স্থানীয় পর্যায় পর্যন্ত খামারীদের সহায়তাদানের জন্য রোগ নির্ণয় সুবিধা সম্প্রসারণ করা হবে। পোল্ট্রি রোগ নির্ণয়ের আধুনিক সুবিধাসহ কেন্দ্রীয় ও আঞ্চলিক রোগ নির্ণয় গবেষণাগার আধুনিকায়ন করা হবে। পর্যায়ক্রমে জেলা ও উপজেলা পর্যায়ে আধুনিক রোগ নির্ণয় গবেষণাগার স্থাপনের ব্যবস্থা নেওয়া হবে;

৮.২.৩ পোল্ট্রি রোগের ইপিডেমিওলজিক্যাল কার্যক্রম জোরদার করা হবে এবং পোল্ট্রি রোগ সংক্রান্ত একটি ডিজিজ রিপোর্টিং সিস্টেম গড়ে তোলা হবে। রোগ সংক্রান্ত তথ্য পশু সম্পদ অধিদপ্তরের ইপিডেমিওলজি শাখায় সংরক্ষণ করা হবে। এ জন্য উক্ত শাখায় দক্ষ জনশক্তি নিয়োগের ব্যবস্থা গ্রহণ করা হবে;

৮.২.৪ সরকারি ও বেসরকারি পর্যায়ে পোল্ট্রি রোগের সার্ভিলেন্স জোরদার করা হবে;

৮.৪.২ সরকারি কর্মকাণ্ডের মাধ্যমে পোল্ট্রি শিল্পে অনুকূল পরিবেশ সৃষ্টির জন্য নিম্নের ছয়টি ক্ষেত্রে সরকার মুখ্য ভূমিকা পালন করবে এবং এ সকল বিষয়ে কর্মসূচী প্রণয়ন ও বাস্তবায়নে উদ্যোগ গ্রহণ করবে ঃ——

(ক) গবেষণা

(খ) স্বাস্থ্য সেবা

(গ) সম্প্রসারণ

(ঘ) প্রশিক্ষণ

(ঙ) পরামর্শ ও সেবা প্রদান

(চ) তদারকি

৮.৪.৩ পোল্ট্রি সংক্রান্ত সার্বিক কার্যক্রম উন্নয়ন, সমন্বয় ও সম্প্রসারণ এবং জাতীয় পোল্ট্রিনীতির সফল বাস্তবায়নসহ সার্বিকভাবে পোল্ট্রি শিল্পের উন্নয়ন ও বিকাশের লক্ষ্যে জাতীয় পর্যায়ে মাননীয় মন্ত্রী/উপদেষ্টার নেতৃত্বে একটি পোল্ট্রি Advisory Committee গঠন করা হবে। উক্ত কমিটিতে সরকার, সরকার কর্তৃক নিবন্ধনকৃত পোল্ট্রি শিল্পের সাথে সম্পৃক্ত এসোসিয়েশন, বিশ্ববিদ্যালয়, গবেষণা প্রতিষ্ঠান, এন.জি.ও এবং সুশীল সমাজের প্রতিনিধিত্ব থাকবে; এবং

৮.৪.৪ পোল্ট্রি সংক্রান্ত নীতিনির্ধারণ, কর্মপরিকল্পনা প্রণয়ন, মনিটরিং ও মূল্যায়নের জন্য নিয়মিত জরীপ কার্যক্রমের ব্যবস্থা গ্রহণ করা হবে।

৮.৫ পোল্ট্রি গবেষণা ও উন্নয়ন

৮.৫.১ পোল্ট্রি গবেষণা উন্নয়নে আঞ্চলিক ও আন্তর্জাতিক সহযোগিতা জোরদার করা হবে;

৮.৫.২ পারিবারিক ও বাণিজ্যিক পোল্ট্রি পালনের বিভিন্ন প্রায়োগিক গবেষণাকে উৎসাহিত করা হবে;

৮.৫.৩ বাংলাদেশের আবহাওয়া উপযোগী উন্নত কৌলিক মানের পোল্ট্রি জাত উন্নয়নে/ উদ্ভাবনে সরকারি এবং বেসরকারি যে কোন উদ্যোগকে উৎসাহিত করা হবে;

৮.৫.৪ পোল্ট্রির স্বাস্থ্য ও গবেষণা সংক্রান্ত কার্যক্রমে গতিশীলতা আনার জন্য বাংলাদেশ পশুসম্পদ গবেষণা ইনস্টিটিউটের জনবল ও অন্যান্য সুযোগ সুবিধা বৃদ্ধি করা হবে; এবং

৮.৫.৫ বাংলাদেশ কৃষি গবেষণা কাউন্সিল, পশুসম্পদ অধিদপ্তর, বাংলাদেশ পশুসম্পদ গবেষণা ইনস্টিটিউট, বাংলাদেশ কৃষি বিশ্ববিদ্যালয়, চট্রগ্রাম ভেটেরিনারি এ্যান্ড এ্যানিম্যাল সাইন্স বিশ্ববিদ্যালয়, সিলেট কৃষি বিশ্ববিদ্যালয়, ভেটেরিনারি কলেজসমূহ, বেসরকারি শিক্ষা প্রতিষ্ঠান ও সংস্থাসমূহের গবেষণা কার্যক্রমে সমন্বয় সাধন করা হবে।

৯.০ মান নিয়ন্ত্রণ

৯.১ পোল্ট্রি বাচ্চা

৯.১.১ খামারিদের নিকট মানসম্মত বাচ্চা সরবরাহ নিশ্চিত করার লক্ষ্যে একটি গ্রেডিং পদ্ধতি চালু করা হবে। "এ" গ্রেডের একদিনের বাচ্চার বৈশিষ্ট্য হবে-

(১) সবল, সকল প্রকার শারীরিক ত্রুটি এবং রোগমুক্ত,

(২) চোখ উজ্জ্বল, নাভী শুকনা এবং

(৩) ন্যূনতম ওজন একদিনের সাদা লেয়ার বাচ্চার ক্ষেত্রে ৩৩ গ্রাম, লাল লেয়ার বাচ্চার ক্ষেত্রে ৩৪ গ্রাম ও ব্রয়লার বাচ্চার ক্ষেত্রে ৩৬ গ্রাম।

"বি" গ্রেডের একদিনের বাচ্চার বৈশিষ্ট্য হবে-

(১) সবল, সকল প্রকার শারীরিক ত্রুটি এবং রোগমুক্ত,

(২) চোখ উজ্জ্বল, নাভী শুকনা এবং

(৩) ন্যূনতম ওজন একদিনের সাদা লেয়ার বাচ্চার ক্ষেত্রে ৩০ গ্রাম, লাল লেয়ার বাচ্চার ক্ষেত্রে ৩১ গ্রাম ও ব্রয়লার বাচ্চার ক্ষেত্রে ৩৩ গ্রাম।

গ্রেডিং পদ্ধতি অনুযায়ী "এ" ও "বি" গ্রেডের বাচ্চা বাজারজাত করা যাবে। হ্যাচারি কর্তৃপক্ষ বাচ্চা সরবরাহের সময় প্রয়োজনীয় টিকা প্রদান করবে।

৯.২ পোল্ট্রি খাদ্য

৯.২.১ আমদানিকৃত বা উৎপাদিত পোল্ট্রি খাদ্য, খাদ্য উপাদানের মান নিয়ন্ত্রণের জন্য সরকার কর্তৃক নির্ধারিত দপ্তর/প্রতিষ্ঠান সংশ্লিষ্ট আইন/বিধি অনুযায়ী ব্যবস্থা গ্রহণ করবে; এবং

৯.২.২ পোল্ট্রি খাদ্যে কোন প্রকার কীটনাশক ব্যবহার করা যাবে না।

৯.৩ পোল্ট্রি টীকা ও ঔষধ

৯.৩.১ আমদানিকৃত বা উৎপাদিত ইনপুট যেমন ঔষধ, টিকা, রোগ নিরুপণের কিট, এন্টিজেন বা এন্টিবডির মান নিয়ন্ত্রণের জন্য সরকার কর্তৃক নির্ধারিত দপ্তর/ প্রতিষ্ঠান সংশ্লিষ্ট আইন/বিধি অনুযায়ী ব্যবস্থা গ্রহণ করবে; এবং

৯.৩.২ মানসম্মত পোল্ট্রি সামগ্রী উৎপাদনের জন্য পোল্ট্রি খামারে বিভিন্ন ঔষধসহ এন্টিবায়োটিক ও প্রোবায়োটিক ব্যবহারের ক্ষেত্রে আন্তর্জাতিক নীতিমালা অনুসরণ করা হবে। ঔষধের রেসিডুয়াল কার্যকারীতা পোল্ট্রিজাত সামগ্রীতে যাতে না থাকে সেই লক্ষ্যে Withdrawal period মেনে চলতে হবে।

১০.০ বিবিধ

১০.১ খামার স্থাপন, রেজিস্ট্রেশন প্রদান, খাদ্যের মাননিয়ন্ত্রণ, রোগ নিয়ন্ত্রণ ও অন্যান্য সংশ্লিষ্ট বিষয়াদি পশুরোগ আইন, ২০০৫, উক্ত আইনের অধীন পশুরোগ নিয়ন্ত্রণ বিধিমালা, ২০০৮ এবং মৎস্য ও পশুখাদ্য অধ্যাদেশ, ২০০৮ দ্বারা নিয়ন্ত্রিত হবে।

বাঃসঃমুঃ-২০০৮/০৯-৪৭৭৯ কম(বি)— ১,০০০ বই, ২০০৯।

216

Printed by Books on Demand GmbH, Norderstedt / Germany